BEI GRIN MACHT SICH IHR WISSEN BEZAHLT

- Wir veröffentlichen Ihre Hausarbeit, Bachelor- und Masterarbeit

- Ihr eigenes eBook und Buch - weltweit in allen wichtigen Shops

- Verdienen Sie an jedem Verkauf

Jetzt bei www.GRIN.com hochladen und kostenlos publizieren

Bibliografische Information der Deutschen Nationalbibliothek:

Die Deutsche Bibliothek verzeichnet diese Publikation in der Deutschen National-
bibliografie; detaillierte bibliografische Daten sind im Internet über http://dnb.d-
nb.de/ abrufbar.

Impressum:

Copyright © 2014 GRIN Verlag, Open Publishing GmbH
Druck und Bindung: Books on Demand GmbH, Norderstedt Germany
ISBN: 9783668507098

Dieses Buch bei GRIN:

http://www.grin.com/de/e-book/373323/geomantie-der-suedlichen-weinstrasse

Roselieb Prehn-Irle

Geomantie der Südlichen Weinstraße

Analyse des Landschaftsarchetyps, der topografischen Karten, der Geschichte und der Mythen

GRIN Verlag

Diplomarbeit
Ausbildung Lebensräume 2001 bis 2002

Ausbilder: Anima Mundi Akademie
Institut für Neue Geomantie und ökologische Gestaltung

Autorin :
Roselieb Prehn- Irle

GEOMANTIE DER SÜDLICHEN WEINSTRASSE

Überarbeitet   Barbelroth, März 2014

INHALTSVERZEICHNIS

1 Einleitung

An der Südlichen Weinstraße bin ich zu Hause. Die liebenswerte Region liegt als "deutsche Toskana" unmittelbar nördlich des 49. Breitenkreises auf 8° östlicher Länge. Sie beginnt im gleichnamigen Landkreis mit dem Deutschen Weintor am Übergang zum Elsass . Bei Maikammer geht sie in die Mittelhaardt über. Mein Untersuchungsgebiet umfasst den Bereich von der französischen Grenze bis Ranschbach. Die Gegend um Klingenmünster bildete sich dabei als Schwerpunkt der geomantischen Betrachtungen heraus.

Neben der rein gegenständlichen Untersuchung besonderer Orte nach Augenschein, Historie, Plänen, Geometrien habe ich mich jeweils auf den Ort und seine geistige Ebene eingelassen, wie ich es in der Ausbildung erfahren und lernen konnte.

.

Das Auge

Das Auge sagte eines Tages: „Ich sehe hinter diesen Tälern im blauen
Dunst einen Berg. Ist er nicht wunderschön?"
Das Ohr lauschte und sagte nach einer Weile: „Wo ist ein Berg? Ich
höre keinen"
Darauf sagte die Hand: „Ich versuche vergeblich ihn zu greifen.
Ich finde keinen Berg."
Die Nase sagte: „Ich rieche nichts. Da ist kein Berg."
Da wandte sich das Auge in eine andere Richtung.
Die anderen diskutierten weiter über diese merkwürdige Täuschung und
kamen zu dem Schluss:
„Mit dem Auge stimmt was nicht."

Khalil Gibran

2 Das Konzept der Integralen Geomantie

Den Geist einer Landschaft kann man sich von 3 Ebenen her erarbeiten:

Die erste Ebene ist die physisch – geologische,
die zweite Ebene die vital- energetische,
die dritte die seelische Ebene- das „Bewusstsein" einer Landschaft.

Jeder Eingriff in das Ganze, jede Einseitigkeit, jede Disharmonie wirkt sich auch auf den Menschen aus. Der Mensch ist von gleichem kosmischen Ursprung wie alle anderen Manifestationen und somit mit allem verbunden und eins mit allen.

Durch das Verständnis der Landschaft und das Sich- öffnen für die Lebendigkeit der Erde kann sich letztlich jeder auch selbst erfahren.

„In Ani Yonwiyah, der Sprache meines Volkes, gibt es ein Wort für Land: Eloheh. Dieses gleiche Wort bedeutet auch Geschichte, Kultur und Religion. Das ist so, weil wir Cherokee-Indianer unseren Platz auf der Erde nicht von unserem Leben auf ihr trennen können und auch nicht von unserer Vision und unserer Bedeutung als ein Volk. Von Kindertagen an bringt man uns bei, dass die Tiere und auch die Bäume und Pflanzen mit denen wir den Platz hier auf Erden teilen, unsere Brüder und Schwestern sind.
Wenn wir also von Land sprechen, dann sprechen wir nicht von Grundbesitz, Territorium ...- wir sprechen von etwas wahrhaft Heiligem."

J. Durham, Cherokee- Indianer 1981

Die nachfolgende Analyse erschließt den „Geist" der Landschaft in seiner Wechselwirkung mit den Menschen vorwiegend über die ersten beiden Ebenen. Sie soll eine sichere Grundlage schaffen, um einen harmonischen Lebensraum entstehen zu lassen, der Mensch, Ort und Ökologie verbindet. Es ist eine offene und ganzheitliche Vorgehensweise, die jederzeit Rückkopplungen im Prozess ermöglicht.

Ausgehend von einem steten Wandel im **„Rad des Lebens"** werden den Jahreszeiten bzw. dem Lauf der Sonne und den **Himmelsrichtungen** bestimmte Qualitäten zugeordnet und als archetypisches Symbol dargestellt. Damit lassen sich in einer gemeinsamen Sprache der Integralen Geomantie einzelne Aspekte- wie Schwerpunkte, Ungleichgewichte und Disharmonien nachvollziehbar aufzeigen.

Die Hauptaspekte der **Richtungsqualitäten** werden wie folgt festgestellt:

Der Norden
Wintersonnenwende
Tod- Neugeburt (stirb und werde)
Erde
Schöpfungskraft
IMPULS

Der Nordosten
Übergang Erde- Wasser
Geburt

Transformation
 Entwicklung, Keimung
FLIESSEN

Der Osten
Frühlingspunkt
Jugend
Wasser
Liebe
Keimung
WUNSCH

Der Südosten
Übergang Wasser- Luft
Pubertät
Beziehung
Wachstum
VEREINEN

Der Süden
Sommersonnenwende
Erwachsensein

Luft
Blüte
Klarheit
GEDANKE

Der Südwesten
Übergang Luft- Feuer
Konzentration
Kompensation
Fülle
KRAFT

Der Westen
Herbstpunkt

Alter

Feuer

Energie, Dynamik
Aggression

Reife
HANDLUNG

Der Nordwesten
Übergang Feuer- Erde
Innehalten
Auflösung
LOSLASSEN

Geomantische Archetypen

Der Gliederungsaufbau wird durch die Hierarchie der geomantischen Archetypen bestimmt. Archetypen beschreiben sich wieder-
holende Muster. In der Geomantie werden sie auch als Formkräfte
bezeichnet und sind Grundlage der geotherapeutischen Arbeit.

Sie sind hierarchisch geordnet und bauen aufeinander auf. Der
wichtigste ist der Tiefenarchetyp (Geologie), gefolgt vom Land-
schaftsarchetyp (Topografie), dem Kulturlandschaftsarchetyp
(Landschaftsgestaltung), dem Geschichtsarchetyp (Ereignisse),
dem Psychodynamikarchetyp (Prozesse, Verhaltensweisen), weiter detaillierend dem Grundstücksarchetyp (Topografie) und dem
Hausarchetyp (Bauweise).

Stimmen die Archetypen miteinander überein, befinden sie sich in
Resonanz, wenn nicht, können starke Reibungspotentiale oder –
verluste entstehen.

Zur „Heilung" eines Ortes gilt es, die sich aus den Richtungsqualitäten und den Archetypen ergebenden Ungleichgewichte und Blo-
ckaden zu erkennen und durch Stärkung der ausgleichenden Ge-
gengewichte zu harmonisieren.

Für die Südliche Weinstraße ergibt sich folgende Struktur:

3 Landschaftsarchetypen

3.0 Geologische Tiefenmuster

Der Oberrheingraben ist ein relativ junges geologisches Gebilde. Allerdings bestand schon seit der Bildung des variszischen Falten-Gebirges vor etwa 300 Millionen Jahren ein System von **Brüchen** parallel zum heutigen Oberrheingraben. .Während das Ober-rheingebiet in der Folgezeit absank, blieb diese **Schwächezone** zunächst ruhig. Im Trias lagerte ein von SW kommendes und nach NO abfließendes Flussnetz mächtige Sand- und Schotter-schichten ab. Die erhärteten Schichten sind im Pfälzerwald bis zu 600 m dick. In der folgenden Muschelkalkzeit war ganz Süd-deutschland unter dem Meeresspiegel versunken.

Durch die kräftige Gebirgsfaltung der Alpen und Pyrenäen wäh-rend des Eozäns bauten sich beträchtliche **Druckspannungen** auf, die parallel zur oberrheinischen **Schwächezone** wirksam wurden. Die Erdkruste wurde in die Höhe getrieben bis der Schei-tel sich keilförmig abspaltete und als Graben in die Tiefe sank. So entstand der von **spiegelbildlich symmetrisch** gehobenen Schultern flankierte Graben. Teile des Grabenkeils senkten sich vor 48 Millionen Jahren unter den Grundwasserspiegel. Der Gra-ben öffnete sich von Süden her wie ein Reißverschluss bis sich im Mitteloligozän eine Meeresverbindung vom Alpenrand nach Nord-westdeutschland bildete .Ein schmales Grabenmeer **durchtrenn-te** nun **Mitteleuropa,** als Teil einer Bruchzone vom Rhonetal bis Oslo.

Im ausgehenden Miozän hoben sich die Alpen erneut. Im Vorland baute sich eine SO-NW gerichtete **Druckspannung** auf., die den Rheingraben spitzwinklig traf. Der Graben konnte nicht mehr mit einer Zerrung reagieren wie zuvor, sondern durch eine Scherung. Dieser ursprüngliche Zerrgraben hatte eine leicht zickzackförmige Gestalt mit **abgeknickten Richtungsänderungen** von Bad Berg-zabern ab nach Südwesten. Die Scherung bewirkte in diesem Be-reich eine einengende **Stauchung**.

Diese bis heute lebendige Tektonik schuf ein Schollenmosaik, das in steil gestellten Gesteinsschichten unterschiedlichsten Alters am Haardtrand,- dem Übergangsbereich zum .**Buntsandsteingebiet** des Pfälzerwaldes- an die Oberfläche tritt. Schräge Gebirgsrand-schollen des Erdaltertums findet man im Kurtal von BZA, im Kai-serbachtal bei Waldhambach, im Queichtal bei Albersweiler und im Triefenbachtal bei Edenkoben. Eine weitere Bruchzone kann von Maikammer über Landau, Billigheim, Barbelroth bis Weißen-burg verfolgt werden. Das entspricht grob der Bahnlinie Neustadt-Weißenburg Das Vorderpfälzer Tiefland besteht aus **kiesig-san-digem** "Bienwald- Schotter". Eine Ausnahme bildet hier das Bü-chelberger Tertiärkalkgelände.

In den **Flusstälern**, die von den Bergen zur Rheinebene in **West-Ost** Richtung verlaufen, finden wir Mergel und Sande mit Tonlin-sen. In Barbelroth finden sich weiße Sande des Pliozäns. Am Bergrand von Weißenburg bis hinter Klingenmünster **Muschel-**

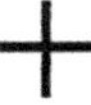

kalk, der in schräg geschichtete Grobsandstein- Schichten über-
geht. Nördlich davon findet sich Sandstein mit Basaltbereichen.
Entsprechend der vorderen **Bruchkante** verlaufen die Hauptrich-
tungen der unterschiedlichen Gesteinsarten **von SSW nach
NNO.**
Die Bruchzonen sind energetisch zu spüren und stellen sich entsprechend auch im Wuchs der Bäume dar. Bereits in geringer Tiefe ist nutzbare Erdwärme vorhanden. Die Spannung der Bruchgit-
terstruktur löst sich durch kleine Erdbeben auf. Diese oberflächen-
nahe Dynamik drückt sich in Feuer und Leidenschaft, dem Thema
des Weins, aus.

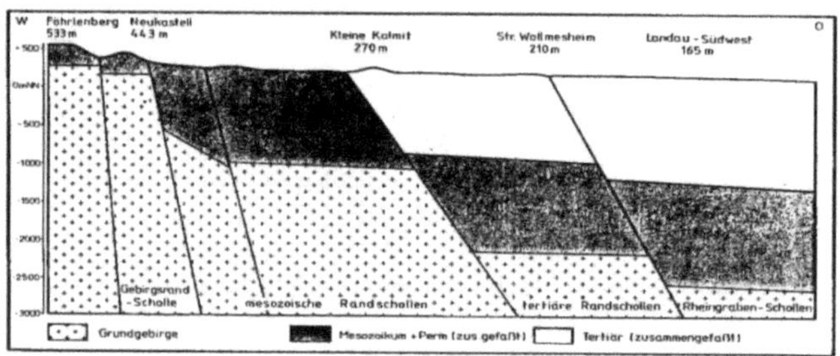

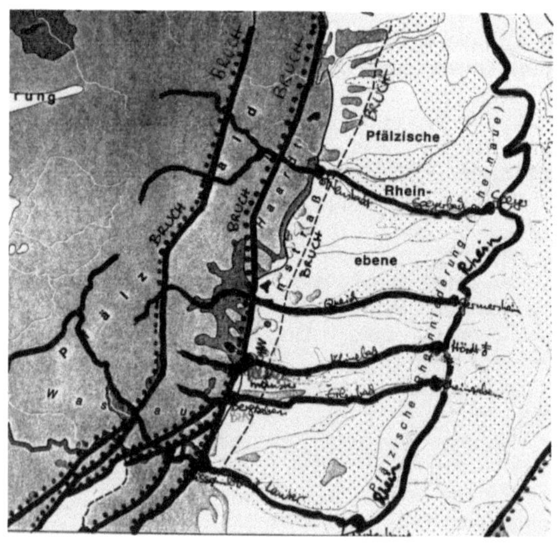

ERDGESCHICHTE		MIO JAHRE	GESTEINS- BIL-DUNG	RHEINGRABEN
Paläozoikum	Devon	400	Tone, Sande	Variszische Faltengebirgsbildung
	Karbon	350	Erze,Quarze	
Erdaltertum	Perm	225	Rotliegendes	
Mesozoikum	Trias	195	Buntsandstein	Sedimentation Sand, Schotter (Pfälzerwald bis 600 m dick)
Erdmittelalter			Muschelkalk	Meer über ganz Süddeutschland
			Keuper	
	Jura	137	Lias	
	Kreide	67	Kreide	
Känozoikum	Tertiär	1,5		Hochdrücken des N-S Scheitels
	- Paleozän			Ausbildung Rheingraben durch Scheitelbruch
	- Eozän			Absenkung Grabenkeil unter Grundwasserspiegel. Meeresverbindung vom Rhonetal bis Oslo
	- Oligozän			Sedimentation, Hebung und Aufwölbung Pfälzerwald
	- Miozän			Scherung mit abgeknickten Bruchzonen
	- Pliozän			
	Quartär			Ausbildung des tief eingeschnittenen Tal- systems, oft den Verwerfungslinien folgend (z.B. Erlenbach)
		0,1		Neandertaler. Anhaltende lebendige Tektonik über gesamte Grabenbreite (z.T.seismisch aktiv)

3.1 Landschaftsformen

Der westliche Teil des Oberrheingrabens gliedert sich in **NNO / SSW verlaufende Landschaftszonen**. Er bildet erst mit dem rechtsrheinischen Pendant eine wirkliche Landschaftseinheit.

Im untersuchten Gebiet geht die **Rheinebene** in den **Haardtrand** über. Dieser bildet als 3-10 km breite Vorhügelzone den Übergangsbereich zum Buntsandsteingebiet des **Pfälzerwaldes**.

Der **Haardtrand** ist die Nahtstelle zweier Großlandschaften. Von diesen NNO/ SSW verlaufenden Hügeln ziehen sich langgestreckte **Landrücken** von West nach Ost mit den Bächen zur Rheinniederung hin.

Es ist eine reich gegliederte, liebliche Landschaft, ein bunter Sommergarten. Das Sandsteingebiet ist dem Wald vorbehalten, der Muschelkalk dem Wein und das Schwemmland der Landwirtschaft. Die Jahreszeiten sind intensiv erlebbar, wobei aufgrund des Weinanbaus dem Herbst eine besondere Bedeutung zukommt. Perlschnurartig liegen die Dörfer an der Deutschen Weinstraße meist im Schnittpunkt eines Tales mit dem Rheingrabenrand. Der Heiterkeit der Landschaft entsprechen die fröhlichen, sinnenfreudigen Menschen(SW Qualität). Die Dynamik und Leichtigkeit der Landschaft entspricht der Bewegung und dem Druck im Inneren.

Die heitere, bacchantische Landschaft der Vorhügelzone steht in starkem Kontrast zu den dicht und vielfältig bewaldeten Kegelberge des **Pfälzerwaldes**. Diese sind teils mit bizarren Felsgebilden gekrönt: Felsrippen an den Berghängen, Felsnasen an den Bergspornen, lange Felsmauern auf schmalen Bergrücken oder Felstürme auf den Bergkuppen. Ergänzt wird die Berglandschaft durch die eingeschnittenen Bachwiesentäler

4 Richtungsqualitäten in der Landschaft

Die Landschaft ist nach Westen durch die Bergkette des Pfälzerwaldes geschützt, aber nicht blockiert. Die Bergkante verläuft im
nördlichen Bereich des Untersuchungsgebietes fast in Nord- Süd-
Richtung, und knickt oberhalb Klingenmünsters nach Südwesten
ab. Dadurch öffnet sich die Landschaft weit dorthin. Der Südwesten steht für Konzentration, Macht und Fülle. Sie zeigt sich im mil-
den Klima (Toskana Deutschlands) und der hohen Artenvielfalt
(Arche Noah).Der Nordwesten ist eher abgegrenzt. Seine Qualität
wird aber durch die unzähligen Rebpfähle, die sich als Auflö-
sungsstrukturen in der Landschaft darstellen, erlebbar.

Nach Osten ist die Landschaft weit ,offen und nährend. Bereits
von den vorgelagerten Hügeln aus erkennt man jenseits des
Rheins den Schwarzwald als das Pendant des symmetrischen
Grabens. Die Verbindung wird hergestellt Diese Verbindung spie-
gelt sich auch in der Mosaiklandschaft wieder, in der unterschied-
lichste Strukturen zu einer großen Einheit zusammengefügt werden.(**SO- Qualität**)

Durch die flachen, sanften Höhenrücken, die sich von West nach
Ost zwischen den Bachtälern entlang ziehen, ergeben sich Son-
nenhänge, geschützte Auen und weniger beschienene Nordhän-
ge. Insgesamt überwiegt der Eindruck des Südens: milchig- mil-
des Licht, Freude, Geist des Weines, Duft des Sommers. In der
Verbindung mit der Dynamik des Untergrundes ergibt sich die
Qualität des **Südwestens** wie sie sich als Archetyp auch in den
Hauptlinien der Landschaft darstellt. Sie steht für die materielle
Ebene., das bodenständige, deftige Schlaraffenland.

5 Analyse der topografischen Karte, Erkundung

5.0   Alte Plätze (KD)

Hexenplatz Bad Bergzabern
Der Hexenplatz auf dem früheren Frauenberg ist ein auf 3 Seiten mit einem uralten Steinwall umgebener Raum von 30 (bzw im Norden 40) mal 80 m am Rande von Verwerfungslinien. Obwohl keine Erkenntnis über Alter und Bedeutung besteht und keinerlei Grabungen vorgenommen wurden, gehen Archäologen nicht von einem keltischen Ringwall oder einer Viereckschanze aus. Die Volksmeinung des vorletzten Jahrhunderts hielt den Platz dagegen für eine altgermanische, heilige, der Freija geweihte Stätte. Ende des 19. Jahrhunderts wurde der Frauenberg zum Klosterbereich Liebfrauenberg. Noch vor 50 Jahren war der Hexenplatz ein beliebtes, heute namentlich vergessenes Ausflugsziel.

Der Gesamtort liegt wie eine Schale, abgeschirmt durch den Wald, nach Osten geöffnet. Er hat eine sehr weibliche Qualität mit runden Lichtungen im Großen wie im Kleinen. Sie drückt sich auch in der Nutzung als Kloster und Pflegeheim bis 2006 in der Barmherzigkeit aus. Die Untergrunddynamik ist in Kraftwirbeln pulsierend spürbar. (10 Tage nach dieser Feststellung war in der Region ein Erdbeben mit Zentrum Nordvogesen heftig spürbar) Natur und Mensch sind hier in Harmonie. Entwurzelte Bäume zeigen die sandige, mit Sandstein durchsetzte Bodenstruktur. Andere weisen durch die Häufung von Zwillingsbäumen und Drehwuchs auf gegenläufige Energien hin. Der sanfte Ort hat eine hohe, konzentrierte Vitalkraft, aber keine spirituelle Wirkkraft.

Petronell Bad Bergzabern
Es wird vermutet, dass sich auf der Petronell eine frühgeschichtliche Befestigung oder Burganlage befand, die später von den Römern ausgebaut wurde.
1901 führten C. Mehlis (kgl. Akademie der Wissenschaften, München) archäologische Untersuchungen zu folgendem Ergebnis:
Den Osten des 360 m hohen Bergkegels quert ein Doppelwall. Der westliche Steinwall hat eine Breite von 8 m und ist 1 m hoch, seine Schenkel ziehen im Bogen nach **ONO** und **OSO** zu. Etwa 100 m nach O sperrt ein zweiter, 10 m breiter und 1m hoher Steinwall den von hier nach Osten zu abfallenden Rücken der Petronell ab. Beide Abschnittswälle bilden mit ihren Schenkeln ein roh angelegtes, an den Ecken abgerundetes **Schanzwerk**. Schon vor dem westlichen Wall queren mehrere verschliffene Steinwände aus Eisensandstein den Sattel, so dass die sonst steil abfallende Bergnase auf der Angriffseite gut geschützt war. Das Amt für Vor- und Frühgeschichte geht später von natürlichen Geländewällen aus, es sei kein Schluss auf eine Befestigung möglich.
Ende 2002 stellt sich die Situation zerstört dar: Die „Steinwände" sind lediglich vereinzelte Sandsteinfelder, von breiten Wegen durchschnitten. Die großen Wälle sind als Geländemodellierungen auffällig. Ihre Fortführung habe ich gemutet. Der westliche Wall ist Standort eines Fernseh- Füllsenders geworden. Vielleicht hat hier

schon in der Vorzeit ein „Sender" in Gestalt eines Menhirs gestanden (petra= Fels?)
Auf der westlichen Hangseite stehen merkwürdig viele rechtsdrehende, großenteils abgestorbene Kirschbäume im Wald. Am Fuß des Berges wird eine Thermalquelle genutzt. Ebenfalls an der Ostspitze eine aufgelassene Eisenerzgrube.

Heidenschuh Klingenmünster (Siehe Burgen)

Die **Kleine Kalmit** bei Ilbesheim besteht aus weißgrauem Tertiärkalk und erhebt sich mit 270 m ü NN als höchster Berg der Vorhügelzone kahl aus den umliegenden Weinbergen. Es ist ein dem **Wettergott** geweihter Berg. . Hier war auch der Aufenthalt der Wetterhexen. Auf ihr standen früher von je her hohe Wetterkreuze. Unmengen an Grabungsfunden weisen wiederholte Aufenthalte jägerischer Bevölkerungsgruppen des 8. und 7. vorchristlichen Jahrtausends nach. In römischer Zeit und später wurde hier Branntkalk gebrochen. Als den eigentlichen Kraftort nehme ich nicht den vielbesuchten Aussichtsbereich um das Mater dolorosa-Kapellchen von 1851 wahr, sondern einen etwas unterhalb liegenden, stillen Platz. Recherchen ergaben, dass sich genau dort Jägerlager der Steinzeit befanden und im 4. Jahrhundert v. Chr. Eine Siedlung der keltischen La- Tene- Kultur.

Im **Godramstein**er Affolter, Stahlbühl liegt in „heiliger Erde" ein Hauptfundort römischer Altertümer: Bilder von Herkules, Merkur, Juno und Minerva sowie verschiedene Kultstätten. Später war hier Hochgerichtsstätte (Galgenplatz).

Der **Karlsplatz** zwischen Gleiszellen und Blankenborn ist ein kleines Hochplateau mit einer von uralten Hohlwegen gebildete Wegespinne. Östlich davon finden sich eigentümlich um riesige Kiefern windende Laubbäume, ähnlich wie im Röxelgrund.(S. Mythen)

Erwähnenswert sind noch zwei etwas außerhalb des untersuchten Gebietes liegende, alte keltische Heiligtümer: Das **Orensberg**plateau mit der „Opferschale" auf 581 m Höhe bei Dernbach und der Nemeton auf dem **Maimont** bei Schönau/ Gebüg. Auch hier eine „Opferschale", eine 4x4 m große Felsenschüssel mit einer eingekratzten „Blutrinne". Geologen und Historiker bezweifeln den Gebrauch als Opferstein, da es im pfälzischen Buntsandstein viele solcher Felsschüsseln gibt. Steinzeitfunde und eine Ringwallanlage weisen zumindest auf eine sehr frühe Besiedlung hin. Der Orensberg zeigt sich mir abweisend und „unzugänglich".

5.1 Burgen

Vor allem entlang der strategisch bedeutsamen Vorhügelzone des Pfälzerwaldes erhebt sich eine große Zahl von Burgen. Nicht selten sind sie auf alten Kultstätten oder an Stelle von Vorgänger-Befestigungen erbaut. Sie standen für **Struktur-** und **Machterhalt**, aber auch für den **Schutz** der Klöster. Alle machten sich die Kraft des Ortes zu eigen, indem sie Felsgebilde auf den Bergspitzen integrierten und astronomische und sonstige Bezüge aufnahmen, um damit ihren Einfluss zu stärken. Zwar gibt es die Kluft zwischen Burg- Adel und Bauernschaft nicht mehr, vielmehr findet eine wechselseitige Kommunikation zwischen den Burgen als Freizeitziel und dem Landschaftsgarten statt, dennoch sind noch energetische Spannungen spürbar.
Im Folgenden zeigt eine Übersicht die Nutzdauer noch heute vorhandener Burgenreste in der und um die Südpfalz. Die meisten wurden im Bauernkrieg, dem 30 jährigem Krieg oder durch den Sonnenkönig zerstört.

800	900	1000	1100	1200	1300	1400	1500	1600	1700

Anebos   .
Berwartstein
            Drachenfels
                Edesheim
Guttenburg
Hambach
Heidenschuh.
            Kropsburg
Landeck.
Lindelbrunn.
Madenburg
Meistersel.
Neu- Kastell
                Neu- Scharfeneck
Oberotterbach   .
Ramburg
            Rietburg
Schlössel
            Scharfenberg
St. Germanshof
Trifels
            Wegelnburg
Wilgardisburg .

Burgenberg **Treitelsberg**
Auf dem Treitelsberg (**3** teils- Berg) am Eingang zum Kaiser-
bachtal bei Klingenmünster findet sich eine Gruppe von **3** Burgen
zum Schutz des ehemaligen Klosters Blidenfeld.: Heidenschuh ,
Schlössel , Burg Landeck. Sie alle stehen an zuvor schon genutz-
ten, besonderen Orten. In neuere Zeit ist als **4.** Bauwerk ein Aus-
sichtsturm hinzugekommen. Der Treitelsberg selbst, zwischen 2
Flusstälern gelegen, ist schon von weitem an seiner Form, die an
einen brütenden Adler erinnert, zu erkennen.

Fröhliches Treiben auf dem Billigheimer Purzelmarkt. Im Hintergrund die südpfälzische Bergkette mit der Landeck, Madenburg und dem Neukast.

Heidenschuh
Die Fliehburg Heidenschuh ist eine Ringwallanlage auf einer SW-
NO gerichteten Bergnase. Die NO- Spitze bildet eine steil abfallende Felsplatte. Auf der Westseite befindet sich eine weitere
Felsplatte, die einige Meter waagerecht über den Felssockel hin-
ausragt. Es wurden keine Klein-Funde gemacht, daher wird sie
nach der Bauweise dem 8.- 9. Jhd. zugerechnet. Ich gehe aber
davon aus, dass der Heidenschuh - wie die meisten Ringwallan-
lagen aus vorchristlicher Zeit stammt..
Zum einen weist der Namen darauf hin, zum anderen sind die
Muster auf der Felsplatte nicht als neuzeitlich nachzuweisen. Auch
die besondere Lage und Formation mit Blick auf die umliegenden
Felsgipfel, den Rehberg- Kegel, die Madenburg und das Kaiser-
bachtal dürften nicht erst im 8. Jhd. aufgefallen sein.
Die Weiterführung der Verbindung beider Toröffnungen über den
vordersten Sporn des Felswürfels weist genau in Richtung Sonnenaufgang zur Sommersonnenwende (SSWende) auf die vorgeschichtliche heilige Stätte „Kleine Kalmit" Auf der ebenen Sandsteinplatte des Felswürfels finden sich Runen, eingemeißelte
Schuhabdrücke und ein Kreuz. Die Achsen der auffälligsten
Schuhsohlen zeigen nach Göcklingen, zum St. Dionys und zum
Sonnenaufgang zur SSWende, die lange Kreuzachse auf den
Wetterberg, der parallele Felsspalt des Felstisches zum Sonnen-
untergang zur SSWende: .Die **astronomischen Bezüge** verstärken die Kraft des Ortes in die Region hinein.

In Fortführung der Wallanlagen finden sich extrem verwachsene Eichen im umgebenden Wald. Je eine Hauptverwerfungslinie läuft sowohl durch den Standort Heidenschuh als auch durch das nachfolgend beschriebene Schlössel.

Der Zutritt in den „Machtbereich" des Heidenschuh ist sicht- und spürbar. Das Tor wird durch 2 Birken gebildet, der Blaubeerwald beginnt. Der steinige Zuweg will bewusst mit Zustimmung der Natur überwunden werden, dann zeigt er sich licht und einladend. Ruten- Messungen waren bisher wegen der Winddüse am Felssporn nicht möglich. Besonders dieser exponierte, unwirtliche Sporn dürfte eine andersgeartete Funktion als die einer Fliehburg gehabt haben.

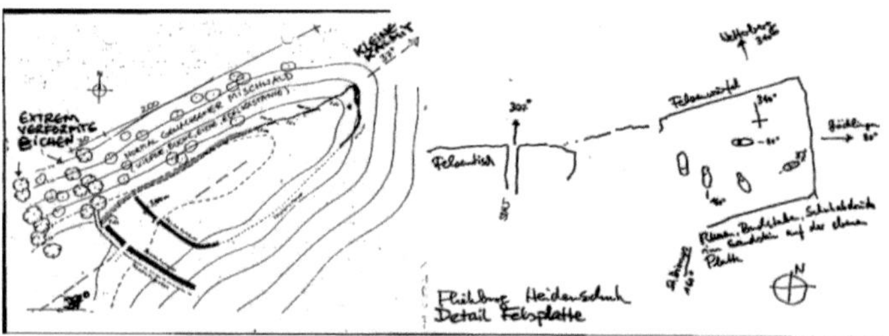

Schlössel

Die salische Turmburg (ca 1030- 1130)mit der Ringwallanlage befindet sich auf einem wie aufgeschüttet wirkenden Hügel (349m
Höhe). Sie ist schalenförmig von Bergen umgeben, die den Blick
nur nach Osten freigeben. Der steile Anstieg über harten Grund
ändert sich einladend mit sanfter Wegeführung licht und begleitet
von warmfarbenen Kiefern nach dem 1. Ringwall.
Ob es sich um das in Urkunden genannte Walahstede handelt, ist
nicht sicher. Der **13x13** m große und **5** Stockwerke hohe Wohn-
turm weist im EG **3** Scharten auf, die nicht militärischen Zwecken
dienten, sondern Lichtschlitze waren. Hier wurden Spiele, eine
beinerne Flöte und eine Altarabdeckung aus kristallinem Marmor
gefunden. Ein Teil der glatten Mauerquader weist typisch salische
Fischgrät- und Ährenmuster auf. Die Fratzen an der Südseite des
Turmes sollten die Burg vor bösen Waldgeistern schützen. Dem
Volksmund nach soll es sich um eine keltische heilige Stätte oder
den Wohnsitz einer Seherin(hier geht die weiße Frau um) han-
deln.
Eine geologische Bruchlinie durchquert das Areal. Entlang des
Walls und bei 20 Grad von der Kuppe stehen mächtige, leicht
links drehende, auffallend früh verzweigte Buchen im Wald. Dieser
Winkel entspricht in Fortführung den Einfallswinkeln der Licht-
schlitze. Das Energiefeld ist durch momentane Grabungen und
Erdaufschüttungen erheblich gestört. Mehr noch durch die Aufstel-
lung von Picknicktischen und –bänken an einem inhaltlich stillen
Ort.

Schlössel in Klingenmünster

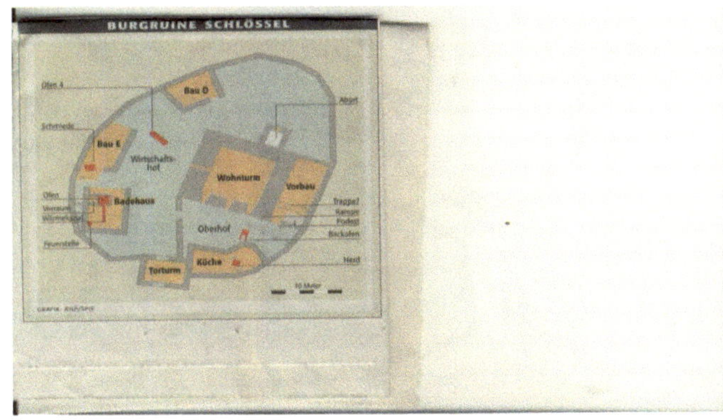

Landeck

Die Staufische Burg Landeck ist der Sage nach auf den Grund-
mauern eines römischen Kastells erbaut. König Dagobert I regier-
te von hier aus im 7. Jhd über Austrasien. Sein Herz wurde in seinem Göcklinger Prachtschloss, seine Eingeweide im Kloster Klingenmünster und sein Leib im Weißenburger Kloster begraben.(3)
Die **oval- polygonale** Anlage lässt auf eine prähistorische Vor-
gänger- Anlage schließen, da römischen Grundprinzipien eher
eine rechteckig-trapezförmige Anlage entspricht. Die äußere Ring-
mauer ist durch **4** runde Flankierungstürme in der südlichen Hälfte
verstärkt, an der Ostseite befindet sich der quadratische Turm des
Bergfrieds. Seine Einstiegsöffnung in 10 m Höhe weist auf den
<u>Sonnenaufgangspunkt zu WSWende </u>hin. Die gotischen Schieß-
scharten in Schlüsselform zeigen nicht lediglich in strategisch
wichtige Richtungen, sondern nehmen Bezug zur nahegelegenen
Nekropole, zum Kloster und zu den Sonnenwinkeln auf. Es heißt,
die Burg sei durch einen unterirdischen Gang mit der Dagoberthecke bei Frankweiler verbunden. Diese Linie entspricht in etwa der
geologischen Bruchkante.

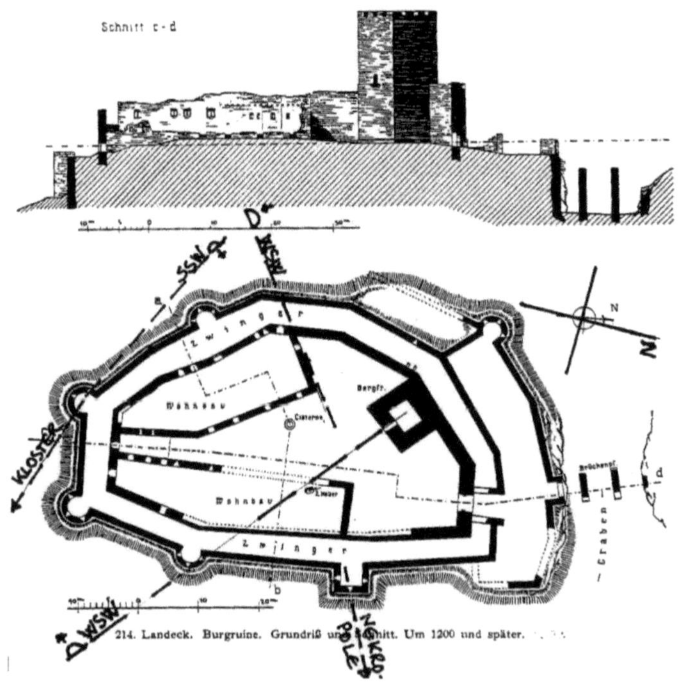

214. Landeck. Burgruine. Grundriß und Schnitt. Um 1200 und später.

Trifels

Im Zentrum des Reiches lag ab dem 12. Jahrhundert die Kaiserburg Trifels, auf dem höchsten der **drei** Kegelberge des Sonnen-
bergs auf einem **drei**geteilten Felsen. Dieser soll ursprünglich
einen Ringwall getragen haben. Grabungen haben erwiesen, dass
die Felshöhe in keltischer, römischer und germanischer Zeit bewohnt oder ein Heiligtum war. Forscher vermuten, dass nicht die
Wildenburg, sondern der Trifels das Vorbild für Parzivals **Grals-
burg** abgegeben hat.
 Die Salier bauten dort eine Holz- und Steinburg. Unter Friedrich I
Barbarossa wurde sie ausgebaut. Der Palas war von **3** Türen be-
gehbar und hatte **3** Stockwerke. Später wurde die Burg Schatz-
kammer des Reiches, Aufbewahrungsort der Reichskleinodien-
der höchsten **Symbole des Heiligen Römischen Reiches** Deutscher Nation- und eines der mächtigsten Staatsgefängnisse (Fest-
setzung Richard Löwenherz von England ab 1193). „Wer den Trifels hat, hat das Reich". Die Nationalsozialisten betrieben den
Wiederaufbau in diesem Symbolischen Sinne als trutziges Zeichen deutscher Geschichte.

Der Ring der Reichsburgen, der sich konzentrisch um den Trifels
legte, umfasste etwa 20 Burgen. Er diente zur Sicherung der
Wege zu den Pfalzen in Lautern, Hagenau, nach Lothringen und
Frankreich Exemplarisch werden hier nur einige aufgeführt.

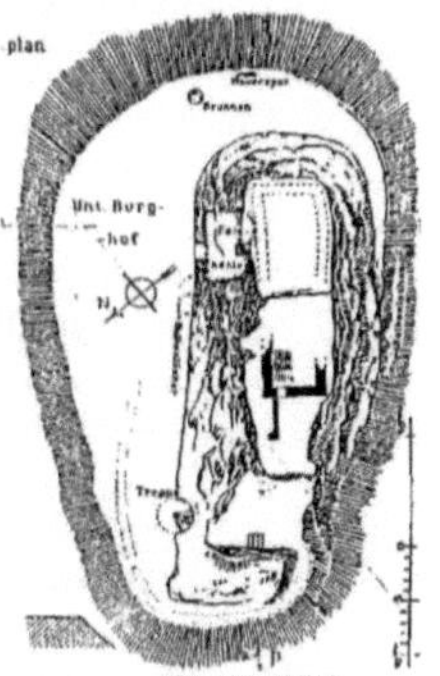

Burg Anebos auf dem mittleren Kegelberg besteht nur noch aus
einem grotesken, hohen Felsblock, der in die Burg eingebunden
war Die Bedeutung des Namens ist nicht geklärt. Könnte er nicht
von Anubis abgeleitet sein? Anubis war wie der römische Merkur
Götterbote, später Schutzpatron von Handel, Diebstahl und Reisen. Merkur wurde durch St. Michael verchristlicht. Zumindest die
Isis- Verehrung war in der römischen Pfalz weit verbreitet.

Burg Scharfenberg, die südlichste der Trifelsgruppe, war eine
nahezu regelmäßig **5** eckige Anlage.

Burg Lindelbrunn ist eine fast **3** eckige Anlage. Teile **drei**er Gebäude haben die Zerstörungen überstanden. Auf dem Burgberg
befand sich auch eine Nikolauskapelle. Der urspr. Namen „Linden-
boll" wird von der Bergkuppe = Boll abgeleitet, meines Erachtens
ist er ebenso von „bal oder bel" ableitbar.

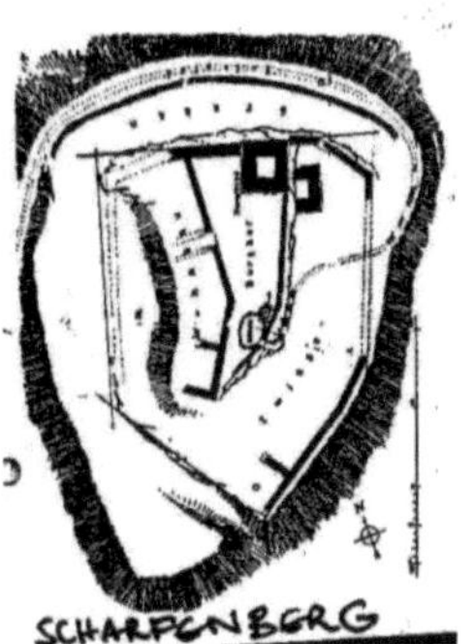

Burg Neukastell hat einen menschenähnlichen, organischen
Grundriss auf einem eiförmigen Plateau. Sie war –abgesehen
vom Bergfried- 2 geschossig.

Guttenburg bei Oberotterbach
Der Schlossberg (urspr. Wotansberg, Gottesberg)und der benach-
barte Querenberg trugen schon römische Anlagen. Die Burg
selbst wurde im 12. Jhd auf dem Burgfelsen mit **3** Türmen gegründet: je einer im Norden und im Süden, der Bergfried in der Mitte
des Zentralfelsens.

Erwähnenswert sind ferner der **befestigte Friedhof** mit Wehrkirche in **Dörrenbach**, der bestens erhalten auf einer Verwerfungslinie steht. Auch in **Heuchelheim** und **Steinfeld** befinden sich noch befestigte Friedhofsanlagen.

In Teilen noch nachzuweisen sind die **Wasserburgen Bergzabern** und **Pleisweile**r, verschwunden die Burganlage bei Schaidt.

5.2 Klöster, Kirchen

Die Klöster hatten neben dem Adel die Grundherrschaft inne. Sie standen für Macht, Besitz, aber auch für Kultur, insbesonders Weinkultur.

Die Benediktiner- Klostergründungen von Weißenburg und Klingenmünster- Blidenfeld im 7. Jhd. sind mit die ältesten Deutschlands. Die eher materiell als spirituell ausgerichteten Benediktiner haben sich die Ausstrahlung der Region zu eigen gemacht, denn Lebensfreude und Genuss wurden seit jeher im Pfälzischen groß geschrieben.

Das **Kloster Blidenfeld** bei Klingenmünster stand ursprünglich nördlich der heutigen Klosterteile entweder am „Drachenbunnen" oder in der „Zell" am Ausgang zum Annweiler Tal mit dem Trifels und mit weitem Blick über die Rheinebene. Später wurde es an den Klingbach verlegt. Der Klosterbezirk mit Mauer, Mühle, Kreuzgang ist noch vorhanden. Hier wurden St. Nikolaus und St. Michael verehrt. Die jetzige Stiftskirche (1735) steht nach der Sage auf einem schwarzen See, zu dem man hinter der Orgel herabsteigen könne.

Das **Weißenburger Kloster** war das mächtigste in der ganzen Region. Es war St. Michael geweiht. Hier war Anfang des 9. Jahrhunderts Ottfried von Weißenburg Mönch. Er setzte seine Studien später unter Hrabanus Maurus in Fulda fort. Ottfried erweiterte das kretisch- heidnische **Labyrinth** von 7 auf die heute noch gültigen **11** Umläufe und brachte es außerdem in **Kreis**form. Im christlichen Labyrinth steht das Zentrum für Christus, für die Erlösung. Der Weg symbolisiert das sündige Leben. So ist man immer wieder fast in der Mitte, glaubt sich dem Ziel nahe, nur um sich bei der nächsten Biegung wieder vom Zentrum zu entfernen. Der Eingang liegt gewöhnlich im Westen, der Richtung des Abends und Jüngsten Gerichts. Die 11 wird als Zahl der Schwäche von den heiligen Zahlen der 10 Gebote und der 12 Jünger eingefasst. Interessant ist die Verbindung zur nahen Guttenburg oder Wotansburg. Wotan steht für Merkur und der Planet Merkur umschreibt eine scheinbare Bahn um die Sonne, die dem klassischen 7 Pfade Labyrinth entspricht. An der Stelle des Klosters steht heute die Kirche St. Peter und Paul mit Resten des Kreuzgangs. Es fällt relativ wenig Licht durch die alten, farbigen Bleiverglasungen. Die Kirche macht einen sehr warmen, herzlichen Eindruck.

Weitere Männerklöster standen in **Bergzabern** (1680 Kapuziner), **Eußerthal**(1148 Zisterzienser),**Godramstein**(1303),**Landau**(1276

Augustiner, Kapuziner), **Oberotterbach** (1306Franziskaner), **St. German** (um 1200 Benediktiner). Frauenklöster in diesem Gebiet gab es lediglich in **St. Johann** (Beguinen), **Edenkoben** –Heilsbruck (Zisterzienser), <u>Landau</u> (1344, 1500 Beguinen u. a.), und vermutlich in <u>Klingenmünster</u> (Maria Magdalena).
Besonders die Zisterzienser nutzten häufig Quellheiligtümer für ihre Klöster (Otterberg, Eußerthal, Rosenthal, Edenkoben).

Wallfahrtsstätten

An alten Plätzen, die in christlicher Zeit in Wallfahrtsstätten umgenutzt wurden, sind neben den vermutlichen heidnischen Quellheiligtümern Unsere Liebe Frau vom **Kolmerberg** bei Dörrenbach und vom **Kaltenbronn** bei Ranschbach.(Siehe „Quellen") vor allem die **Kleine Kalmit** bei Ilbesheim (Siehe Plätze), das frühere Marienheiligtum Anna- Kapelle in **Niederschlettenbach** und die Anna- Kapelle bei **Burrweiler** am Ausläufer des <u>Teufelsberges</u> zu nennen. Sie sind heute noch Ziel von Prozessionen. Die Wallfahrtskapelle Notre Dame de **Weiler**- Weißenburg ist als Grenzkapelle gleichzeitig Friedenskapelle. In einem Steinbruch an der Lauter gelegen, wurde sie bereits 803 als Marienheiligtum geweiht. Nicht mehr vorhanden ist die ehemalige Wallfahrtskirche St. Nikolaus auf dem Closenberg bei **Oberotterbach**

Kirchen

Bei den Kirchenbauten ist der Turm der Wollmesheimer Kirche **St. Mauritius** herauszuheben, der als **5** geschossiger quadratischer Wehrturm aus dem Jahr 1040 weithin sichtbar über dem Ort steht. In den Akten des Pariser Friedens 1814 steht, dass die Grenzlinie vom elsässischen Dorf **Stein**bach an Schönau (Maimont) vorbei bis zum „**weißen** Turm" von Wollmesheim verlaufen sollte.

Der **Dörrenbacher Wehrfriedhof** mit seiner Kirche ist ebenso zu erwähnen, wie die romanische **Nikolaus- Kapelle** am Fuß der Burg Landeck. Sie weist neben dem Bild des Bischofs Nikolaus auf der Nordseite des Chores auf der Südseite den Erzengel Michael mit dem Kreuzstab den Erddrachen niederstoßend auf. Der Stab dient hier dazu, die kosmischen und irdischen Kräfte zu vereinen. Dies entspricht dem Ritus, bei der Gründungszeremonie einer Weihestätte zuerst den kultischen Punkt durch Einschlagen eines Pflocks zu markieren, um damit eine außergewöhnliche Kraft zu zwingen, am Ort zu bleiben.

Christliche Heilige als Verkörperung der Götter anderer Kulturen

---

St. Michael (christl.)= **Wotan/Odin** (germ.)= **Merkur** (röm.)= **Hermes** (griech.) = **Anubis** (ägypt.)= **Shiva** (ind.)

Wotan , Wotan, Odin (nordd.) höchster germanischer Gott.
Merkur , Götterbote und Kommunikator, Schutzpatron von Handel und Reisen. Gott der Wegkreuzungen (4 Wege). Mercury= Quecksilber= Spiegel= Metall des Planeten Merkur.
Merkur bewegt sich von der Erde gesehen scheinbar 4x rechtsrum und 3x linksrum. Das entspricht dem Weg auf einem klassischen linksläufigen 7- Pfade- Labyrinth
Hermes leitete die Seelen der Verstorbenen in die Unterwelt, ebenso **Anubis** vorher.

Aus „ Heidelberg- Geschichte und Gestalt":
...Heiligenberg,dem Schlossberg gegenüber: Vor allem bemerkenswert ist der offizielle Hauptkult, der des **Merkur**: in seiner Eigenschaft als Seelengeleiter entspricht Merkur sowohl dem germanischen **Odin**, als auch dem christl. **Michael**. An zahlreichen, meist erhöhten Plätzen sehen wir den Kult eines der beiden ersten von dem des letzten abgelöst, so auch hier. Der bislang deutlichste Befund ist der in der Michaelskirche selbst, auf dem Hauptgipfel. Just in ihrer Mitte kamen die Reste eines Merkurtempels zu Vorschein, der nach seiner Zeit, durch alle Phasen hindurch, die Fluchten der kirchlichen Anlage bestimmen sollte, ein rechts des Rheins sehr seltener Fall von baulicher Kontinuität.

St. Peter (christl.)=**Taranis** (kelt.)= **Donar** (germ.)= **Jupiter** (röm.)= **Zeus** (griech.) **Indra**(ind.)

Taranis der Donnerer, Symbol: Rad.
Donar (Thor)- Sohn Wodans und der Erdgöttin Fjorggyns, Donnergott, Bumberhannes.
Wodan- und Donar- Kultstätten liegen oft nahe beieinander. Dabei liegt der größere Donarberg fast immer neben den kleineren Wodanberg.
Jupiter im röm. Patriarchat in heiligen Wäldern und an heiligen Quellen verehrt, besonders an Donnerstagen (Donars Tagen) = Hageltagen.

Maria (christl.)= **Brigid** (kelt.) =**Große Mutter** (germ.) =**Juno** (röm.) =**Hera** (griech.) =**Isis**(ägypt.)

Maria durch die Zisterzienser mit der heidnischen Maigöttin in Verbindung gebracht. Gotische Kathedralen waren nicht Gott oder

Jesus geweiht, sondern Notre Dame als Paläste der Himmelskönigin. Viele von ihnen waren auf heidnischen Heiligtümern der Großen Göttin erbaut. In ganz Italien wurden Marias Kirchen auf Heiligtümern von Juno, Minerva, Isis, Diana oder Hekate gegründet.

Brigid, die Himmelskönigin

Große Mutter ‚Analogie für die Funktion der Erde als ein sich selbst regulierender Organismus (Gaia- Prinzip)

Juno – Göttindes Himmels und der Weiblichkeit

Hera- vor Patriarchat höchste Göttin

Isis- weibliches Prinzip der Natur

5.3   Quellen, Heilquellen

Die Region ist reich an Quellen und Bächen von großer Kraft und Fülle.

Die Quellen im untersuchten Bereich dienten vor allem der Heilung körperlicher Gebrechen(= materielle Ebene). In der Rheinebene bei Büchelberg wurde dagegen der Gutenbrunn noch im letzten Jhd. zur Augenheilung (=spirituelle Ebene) genutzt. Die dortigen Quellen wurden 2004 vor dem Verfall gerettet.

Das Element Wasser wird durch die Sinuswelle symbolisiert. Sie weist mit ihren 3 Wendepunkten auf die Dreizahl als Prinzip des Weiblichen, die 3 Aspekte der Erdmutter Gaia hin. Die früheren Quellheiligtümer sind hier alle mit Marienkapellen überlagert. Maria als die Nährende, Quell des Lebens. Häufig steht sie dabei auf der Mondsichel und zertritt die Schlange, die mit ihrer Wellenbewegung das Fließen verkörpert und weltweit die Energie des Ortes symbolisiert (Schlangenkraft, Drachenkraft). Sie bannt so die alte Kraft der Erde an den auserwählten Punkt.

Kaltenbronn bei Ranschbach

Die eiskalte Quelle liegt unterhalb der Senke zwischen dem Neukastell und dem Förlenberg in einer Schlucht.

Der Kaltenbronn war vermutlich ein keltisches **Quellenheiligtum**. Funde einer keltischen Siedlung nicht weit davon erhärten diese These Um die Verehrung der Heilquelle zu verchristlichen, entstand bei dieser altheidnischen Kultstätte die **Bergkapelle**. Die Marienverehrung am Kaltenbrunn wurde zum Ausgangspunkt von Wallfahrten. Sie war aber auch Anlass, um im Zuge der Calvinisierung die Marienwallfahrtskirche um 1575 abreißen zu lassen. Die Wallfahrten an den Gnadenort gingen dennoch bis in die heutige Zeit weiter. 1869 heißt es, dass sich die Wallfahrer gewöhnlich unter einem 300 jährigen, einsam auf dem Kirchplatz stehenden (Ess)-**Kastanienbaum** sammelten, um aus der ihnen sehr heiligen Quelle zu trinken und dem früheren Standort des steinernen **Marienbildes** ihre Ehrfurcht zu erweisen. 1973 wurden die Fundamente der alten Wallfahrtskirche freigelegt und die Wallfahrt neu belebt.

Auffallend ist die Tatsache, dass der Kaltenbronn genau auf einer Linie zwischen **Trifels** und **Kleiner Kalmit** liegt. Die Sonnenaufgangszeit zur Wintersonnenwende (WSWende) wird durch die Bergspitze des **Neukastell** definiert, die Untergangszeit durch den **Wetterberg.** Zur Sommersonnenwende (SSWende) geht die Sonne über dem aufgeschichteten Plateau (ca. 50/ 100 m) des vorgelagerten, auffälligen Hügels „**Kastanienbusch**" auf und in Richtung der Grenz- und Wegspinne „**Zollstock**" unter. Der Zollstock markiert die Grenze zwischen dem Herzogtum Zweibrücken und dem Bistum Speyer.

Diese Lage unterstreicht den besonderen Ort, den sich die Christen – neben der Fülle und Vitalität der Natur- zunutze machten.

Das Quellwasser ist auch heute noch sehr beliebt. Es hält sich besonders lange frisch, soll aus 6000m Tiefe kommen, 14500 Bovis-Einheiten haben und Verbindungen zu Quellen bei Straßburg und Kaiserslautern haben. Neben den Einheimischen füllen dort besonders Südosteuropäische Familien ihre Kanister ab und nutzen die Energie des Ortes. Viele verbinden dies häufig mit einer Andacht an der dort im letzten Jahrhundert errichteten Lourdes-Grotte. Die ursprüngliche Quellnische, wenige Meter von der heutigen Fassung entfernt und jetzt eine Andachtsgrotte, in der immer Kerzen brennen ist, ein außerordentlich starker Kraftplatz. Hier hört man das Wasser unterirdisch rauschen.

Als einen ähnlich starken Platz empfinde ich den Altarstandort der ersten steinernen Kapelle und den Bereich der ehemaligen unterirdischen Sakristei, während die spätere Erweiterung keinerlei Empfindungen auslöst. Dies mag daran liegen, dass der spätere Bau auf einer künstlichen Anschüttung der Hangterrasse liegt. Der ganze Ort ist behütet durch die weibliche Symbolfigur Maria : friedlich und voller geistiger Kraft und Energie.

Anfang 2014 wurde der „heilige Hain" um die Stätte total kahlgeschlagen, der Zauber des Ortes zerstört. Statt Frieden steht plötzlich Agression im Vordergrund.

Kolborn auf dem Kolmerberg bei Dörrenbach

Die Quelle wurde früher Celbron nach der Cella eines Einsiedlers dort genannt. Die Quelle genoss schon in vorchristlicher Zeit besondere Verehrung, weshalb ein Bruder dort Wohnung nahm, um den heidnischen Brauch in christliches Fahrwasser umzuleiten. Auch hier wurde eine Kapelle errichtet, die infolge der Reformation einging. Aus dem Jahr 1602 .wird berichtet, dass die Bewohner der umliegenden Orte um die Pfingstzeit immer noch zur Quelle gehen und dort möglicherweise Abgötterei betreiben. Auch mit den Nibelungen wird die Quelle in Verbindung gebracht. Hier soll Siegfried den „Sühnetod" durch „den Druiden" Hagen gestorben sein.

Heute ist die Quelle verlegt und an der im vorletzten Jahrhundert errichteten Kapelle eine Wallfahrtsstätte mit Prozessionsweg entstanden.

Der **Sauhausbrunnen** unterhalb des Karlsplatzes gluckst aus hellgelben Sandbeulen im Quellgrund „Goldgrube".Er ist mythologisch nicht belegt.

Während der **Röxel**grund früher als Geisterort galt, ist die dazugehörige Quelle seit etwa 1885 mit einer Brunnenstube gefasst und kraftlos. Auch dem Röxelgrund wohnt kein Zauber mehr inne.

Auf dem **Rehberg** befindet sich die höchstgelegene Quelle der Pfalz. Obwohl zwischenzeitlich aufwändig gefasst, hat ihr Standort noch eine starke Ausstrahlung.

An der Klostermauer in Klingenmünster sprudelt das **Sauerbrünnel**, nördlich davon der **Drachenbronn** und der **Zellerbrunnen**.

In den geologischen Bruchzonen treten natürliche Mineralquellen mit **schwefelhaltigem Wasser** ans Tageslicht, wie am Kurbrunnen in Edenkoben, am Erlenbrunnen in Edesheim, am Schwefelbrunnen in Hainfeld, in Mörzheim , am Kühhungerbrunnen zwischen Arzheim und Ranschbach und anderswo.

5.4   Brandgräber , Hügelgräber

Hügelgräber sind hier vor allem entlang von Firstwegen und Totenwegen zu finden. Oft liegen keltische Viereckschanzen in der Nähe. Aber auch die Römer nutzten die vorgeschichtlichen Grabhügel für ihre Bestattungen und legten ihre Gutshöfe auffallend oft daneben an. Später wurden mittelalterliche Richtstätten in die Nähe vorgeschichtlicher Grabhügel gelegt.
Die Flurnamen Bühl(kleine, überschaubare Erhebung),Leh, Buck, Keltengrab, Hünengrab, Judenäcker(Juden= heidnisch), Heidengrab geben weitere Hinweise auf Grabhügel.

Mordhohl Klingenmünster
Östlich des früheren Klosterstandortes, oberhalb eines Römerweges liegt unvermittelt in sanften Weinbergshügeln eine fast senkrecht eingegrabene, bis 20 m tiefe Schlucht. Hier wurden im vorletzten Jahrhundert- Erzählungen nach- „unzählige" Gebeine gefunden. Es handelt sich angeblich um eine römische **Nekropole**, in deren Bereich aber auch bronzezeitliche Grabfunde gemacht wurden. Durch meine Wiederentdeckung des Wertes dieser Schlucht konnte der BUND (!) rechtzeitig deren Verfüllung mit Bauaushub stoppen.
Die meisten Hügelgräber der Gegend sind noch in der Rheinebene zu finden, einzelne Gruppen aber auch am Kaiserbach am Fuße des Rehberges.
Eindeutige Keltenbelege durch Grabfunde gibt es in Barbelroth (Brandgräber aus der Hallstattzeit), Schaidt, an Horbach und Erlenbach und vor allem entlang des Kaiser- und Klingbachs sowie nördlich davon in Mörlheim, Wollmesheim, Maikammer, Burrweiler.

5.5   Besondere Bäume, Baumbezeichnungen

Drei Buchen Bei der Ruine Guttenberg im Sattel zwischen Schlossberg und Querenberg.
Drei Eichen nordöstlich der Hohen Derst.
Die3 alten Eichen wurden im 2. Weltkrieg abgeschossen. Spätere Neupflanzung.
An der Bildeiche hinter Birkenhördt beim Abzweig nach Lindelbrunn. Alte Bildstocksäule oder uralter Grenzstein, bei der früher eine Eiche stand.
Silzer Linde . Alte Linde am Höhenweg im Abtswald.
Birkenhördter Linde Alte Linde zwischen Hohem Kopf und Hoher **Tanne**
Am **Holderbild**. Hier soll an einem Bildstock ein Holunderbaum gestanden haben.
Die **Marienlinde** auf dem Liebfrauenberg zwischen Festplatz und Kloster.
Die **Finstere Buche** jetzt Karlsplatz.
Dagobert- Hecke auf der Banngrenze von Frankweiler, Siebeldingen und Godramstein. Nach der Volkssage soll es schon zu König Dagoberts Zeiten ein ungewöhnlich großer **Weißdornbusch** gewesen sein. Er war für die Geraidebauern das Symbol für **Recht und Freiheit** und für den ewigen Bestand der Geraiden. Er wurde zum heiligen Baum mit ungeheuerlicher Heilkraft. Wer nur ein Zweiglein an ihm frevelte, dem musste die Hand verdorren. Im Jahre 1832 riss ein Blitz die Krone vom Stamm, damals verglichen mit dem brennende Dornbusch in der Bibel Noch im selben Jahr wurden merkwürdigerweise die Haingeraiden aufgelöst und verteilt. 1852 Neupflanzung. Heute wieder ein stattlicher Busch. (Haingeraide = Genossenschaftswald, siehe Mythen)
Erwähnenswert auch der sagenumwobene **Maulbeerbaum** im Hof des Klosters Heilsbruck und die alte **Linde** im Hof der Burgruine Lindelbrunn, um die sich die Sage vom Lindenmütterlein rankt.

5.6   Besondere Felsen, Menhire

Menhire wurden seit Urzeiten errichtet, um besondere Orte zu markieren. Nach Bibeltexten waren dies Orte, an denen Gott mit den Menschen Kontakt aufgenommen hatte oder an denen Menschen gestorben waren, also festgesetzte Schnittstellen zwischen Gott und Mensch oder dieser Welt und der Anderswelt. Die heute noch existierenden Kultsäulen, die auch Sonnenkult, Zeitmessung, Weltsäule, Fruchtbarkeitskult, Totenkult beinhalten, werden dem Ende der Steinzeit zugerechnet.
Bei den Römern und den Germanen bestand die alte Sitte der Säulendenkmäler weiter.(Verehrung von Wotan und Donar an Felstürmen, Errichtung von Jupitergigantensäulen an Kreuzwegen und Gutshöfen) Die christliche Kirche bekämpfte sie als **Teufelssteine** oder verchristlichte sie durch Einbau von Heiligennischen.
Bis heute werden noch Denkmale an „auserwählten" Orten errichtet. Sie wurden aber auch in sonstige Markierungssysteme eingebunden
So wurden früher Grenzlinien vornehmlich durch Naturmerkmale festgelegt. Fehlten diese, wurden Marken in Bäume geschnitten,

die man als Lache, Loch , später Loog bezeichnete. Auch vorhandene Menhire wurden als Grenzsteine verwendet. Diese hießen **Hünen**stein, **Großer**stein, **Langer**stein, **Spitzen**stein, **Spillen**stein, **Hühner**stein, **Hinkel**stein. Zuletzt erfolgte die Vermarkung durch in Quaderform behauene Grenz-, Bann- oder Scheidsteine. Sie wurden von meist **7** vereidigten Vertretern der Angrenzer aufgestellt. Der Steinsatz erfolgte nach geheimer Satzung, dem „**Siebener Geheimnis**". Unter den Grenzstein wurden gewisse Zeichen, auch Kunden oder Weiser genannt, wie Glas- oder Tonscherben, Ziegelbrocken, Kohlen, zerbrochene Hufeisen oder Steine vergraben. Sie waren „versteinet und vermalet".(**Wyßveltz, Wyßstein, weißer Fels).**

Ein zerstörter Megalith ist bei **Dierbach** und **Steinfeld** nachgewiesen, ein erhaltener findet sich, nicht weit entfernt bei **Schaidt**. Hiesige Megalithe bestanden häufig aus Kalkstein.

Im Pfälzer Buntsandsteingebiet gibt es eine Unmenge an herausragenden **Felsengebilden**, die soweit sie nicht in Burgen integriert sind, bei der späteren Untersuchung geometrischer Bezüge vor allem dann berücksichtigt werden, wenn ihre Bezeichnung auf eine besondere Bedeutung hinweisen.

Auf der Hohen Derst finden sich 3 bemerkenswerte Steine: die **Hirschtränke**, eine 12 qm große Sandsteinplatte mit einer schüsselförmigen Vertiefung, der **Hühnerfels** am Weg zu den 3 Eichen und der **Steinerne Tisch**, ein tisch-förmiges Sandsteingebilde

Eine „**Am Tisch**" genannte Felsplatte ist der alte Gerichtsplatz des Geraidegerichts auf dem Sattel zwischen Wetterberg und Schletterberg. Er enthält außer üblichen Grenzzeichen eingeritzte Männchen ohne Beine, deren Körper ein achtspeichiges Doppelrad ist.

Rehberg
Der Rehberg schaut- schon von der Rheinebene sichtbar- als Kegelberg mit 567 m Höhe im Taleinschnitt des Kaiserbachs hervor. An seinem Fuß finden sich Hügelgräber Etwas unterhalb zieht sich ein Felsenkamm von Ost nach West, in dem sich ein natürliches Guckloch bei 37° befindet. Unmittelbar neben dem Rehberg steht die 5 geteilte Felswand des **Asselstein**s mit mittiger Dreiheit.

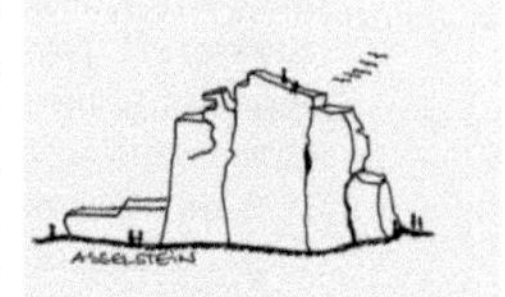

Löffelskreuz
Bildstocksockel mit Gesteinsbrocken zwischen Bobenthal und St. Germanshof.. Zur Erinnerung an den Mord am Conventsherrn des Klosters Weißenburg durch den schwarzen Ritter vom Drachenfels. Die Gesteinstrümmer sollen von frommen Menschen zur Buße und Sühne vom Tal dorthin getragen worden sein.

5.7 Besondere Wege- und Verteidigungslinien

Auf Grund seiner geologisch- landschaftlichen und politischen Grenzlage wird das Gebiet sowohl von uralten **Verkehrswege**n gequert, als auch von **Verteidigungslinien** verletzt.

Die vorgeschichtlichen Straßen wurden in ihrem Verlauf durch die natürlichen Bedingungen bestimmt. Das waren sicher nicht nur die sumpffreien und übersichtlichen Höhen, sondern auch Energieströme der Erde, die Bewuchsmuster schufen und ein müheloseres Fortkommen unterstützten. Aus Wanderungswegen wurden Handelswege und später Eroberungswege.
Das heutige Straßennetz überlagert häufig konkordant die alten **Kelten- und Römerwege**. Auch die **Napoleonstraßen**, die das Land geradlinig durchschneiden, sind heute integriert. Sie sind noch von Napoleonsbänken begleitet, wenn auch nicht mehr im 2,2 km –Abstand. Vorgeschichtliche Straßen heißen häufig Altstraße, Alte Hohl, Breitweg, Hohe Straße, Hochstraße, Heerstraße, Heidenweg (vorchristl. Bewohner, aber auch Ödland bezeichnend), Königstraße (unter königlichem Schutz) ,Steinstraße (befestigt), Platea. Die wichtigsten Römerstraßen sind grob in die nachfolgende Karte eingetragen.

Das Gedächtnis des Ortes wird ebenso nachhaltig durch die Verteidigungslinien bestimmt. Waren es zuerst die Ringwälle, Kastelle Burgenringe und –reihen, so wurden später mit der Weißenburger Linie und dem Westwall massive Grenzen gezogen.
Die **Weißenburger Linie** wurde im Spanischen Erbfolgekrieg um 1706 errichtet. Sie bestand aus Erdwällen, Gräben und Schanzen (ca 10 ar große, quadratische Erdwallanlagen)hauptsächlich entlang des rechten Lauterufers und der Queich mit zusätzlichen Vorwerken in der weiteren Umgebung.
Ein dunkles Kapitel deutscher Geschichte sind die archäologischen „Denkmäler" des **Westwalls**, auch Siegfried- Linie genannt, den Hitler bereits ab 1936 längs der deutsch- französischen Grenze bauen ließ. Analog zum Ausbau Landaus durch die Franzosen zur „stärksten Festung der Christenheit"(um 1690) war der Westwall als „gigantischstes Befestigungswerk aller Zeiten" gedacht. Schwerpunkt dieses Grenzwalles war das Gebiet südlich von Landau. Dort wurden 3 hintereinanderliegende Kampflinien errichtet. Der besonders stark befestigte Abschnitt um Oberotterbach war 14 km breit und bestand neben 340 Bunkern und Befestigungswerken aus Höckerlinien, Minenfeldern, Schützen- und Panzergräben. Die Überreste sind heute Refugien für Flora und Fauna sie ziehen sich wie ein rotes Band durch die Natur.
Ein weiteres Grenzwerk des Dritten Reiches ist das Deutsche Weintor, das heute wirklich eine Öffnung nach Frankreich darstellt.

5.8   Besondere Flurnamen

Flurnamen sind eine wichtige Quelle zur Erkenntnis frühgeschicht-
licher Bedeutung von Orten. Einschränkend ist zu sagen, dass im
untersuchten Bereich so gut wie alle keltischen Bezeichnungen
durch römische oder fränkische ersetzt wurden.
Häufig kommt der Flurname „**Galgen**berg" vor. Er bezeichnet tat-
sächlich einen Galgen- bzw. Gerichtsplatz. Davor jedoch kann er
durchaus eine andere Funktion gehabt haben. Gal entspricht nach
Fester dem Archetyp Kall = Hohlraum, Wölbung, Durchlass, Schale, Zugang. Das entspricht der weiblichen Urkraft, dem Mutterhei-
ligtum mit klarer Ostqualität. Auf Gotland liegt beispielsweise das
besterhaltene 11- Pfade- Labyrinth Schwedens auf dem Galgber-
get, dem Galgenberg bei Visby. Ein Hinweis auf weibliche Ausrichtung. Diesem Grundtyp entsprächen hier der Kolmerberg, der
Kahlberg, der Galgenberg natürlich und der Kalmit, wobei letzterer
nach Meinung der Wissenschaftler von calvus mons= nicht bewal-
deter Felsgipfel abgeleitet sei. Anzumerken ist, dass die Kalmit
zum einen weiblich ist, zum anderen nicht als mons bezeichnet
werden kann, da sie lediglich ein zwar auffälliger Hügel, nicht jedoch ein Felsberg ist.
Viele Bezeichnungen beziehen sich ferner auf **Stein**. Das ist in einer Gegend mit vielen Felsformationen nichts besonderes. Besonders ist hier aber der Wortannex, der auf eine Funktion dieses
Steins schließen lässt. Im Kapitel „Besondere Felsen" wurde bereits auf die Grenz-, Kult-, Fruchtbarkeitssteine hingewiesen. Sie
alle tragen den Zusatz: **lang-, spitz-, groß-, Hühner-** oder **Hü-
nen-, Weisser- oder Wyßen**, aber auch **Eck-**.
„**Tisch**" und „**Stuhl**" lassen auf einen Versammlungsort und Gerichtsplatz schließen.
Schanzen schließlich sind hier keine keltischen Kult- oder Wohn-
stätten, sondern militärische Einrichtungen aus dem 30 jährigen
Krieg, den Revolutionskriegen und im Zuge der Weißenburger Linie.
Bühl, Leh, Buck, Judenäcker, Kelten-, Hünen- oder Heidengrab
schließlich bedeuten im allgemeinen hier frühgeschichtliche Grabhügel.
Bei der Suche nach Leylines und Figuren in der Landschaft habe
ich diese Hinweisnamen besonders berücksichtigt.

6 Geschichtliche Archetypen, Mythen, Rituale

6.0   Geschichte

Die Geschichte der (Süd-)pfalz war immer dadurch bestimmt, dass sie entweder **umkämpftes Grenzland oder Zentrum der Macht** war.

Ab 400 v. Chr.	Zentrum **keltischer Herrschaft** (Donnersberg, Maimont)
58 v. Chr.- 450	**Römische** Besiedelung (Weinbau)
um 400	Intermezzo Burgunder(**Nibelungen**sage)
ab 500	fränkische Siedler unter **merowingischer Herrschaft**. Pfalz als Kernland der ostfränkischen Reichsteile.
ab 925	**Salierherrschaft**
um 950	Ungarn- Überfälle
1125 -1250	**Staufer.** Speyer, Kaiserslautern und der Trifels mit seinen Neben- burgen werden **Zentrum abendländischer Reichsherrschaft**. Aufstieg und Ende der Staufer bleiben eng mit der Südpfalz ver- bunden. (Kaiser Friedrich **Barbarossa** 1152- 1190)
1214	Gründung der Kurpfalz. Die Tradition der „ **Pfalzgrafen** bei Rhein" dauert bis zum Ende des Heiligen Römischen Reiches 1806. (Staufer, **Wittelsbacher**)
1410	Bereich Bergzabern wird für 400 Jahre pfalz-zweibrückisch
16. Jhd.	**Glaubensstreit** zwischen Lutheranern und Reformierten.
1618- 1648	**30 jähriger Krieg**, Pest. Herzogtum Pfalz-Zweibrücken men- schenleere Einöde, entvölkert, verfallen. Das Gelände südl. der Queich mit der Festung Landau wird an **Frankreich** abgetreten.
17.Jhd.	Verfolgten Calvinisten (Schweiz) werden verwaiste Kloster orte als Heimstätten zugewiesen.
1676	Verwüstungen unter Ludwig XIV im Holländischen Krieg.
1688- 1697	**Pfälzer Erbfolgekrieg** mit der **Niederbrennung** der Kurpfalz. Herzogtum Pf-Z . durch Plünderungen betroffen. Ausbau Land- aus zur „stärksten Festung der Christenheit".
ab 1697	Einwanderung glaubensflüchtiger franz. Hugenotten.
1701-1714	Span. Erbfolgekrieg. Plünderungen. Ausbau **Weißenburger Linie**
1793	Besetzung der linksrheinischen Pfalz durch Frankreich im Rah- men der französischen Revolution. Aufrichten von Freiheitsbäu- men. Ab 1802 gilt hier die **Franz. Verfassung**
1815	Sturz Napoleons. Die Pfalz wird **bayrisch**. (Wittelsbacher)
ab 1825	Rheinregulierung durch Tulla.
1832	**Hambacher Fest** (Neustadt) .Erste große, demokratische Mas- sendemo für ein einiges, freies Deutschland.
1870/71	Elsass deutsch.bis1919. Südpfalz kein Grenzland mehr.
1918-1930	**Französische** Besatzung.
2. Weltkrieg.	ab 1937 **Westwallbau**. 1939 Freimachung Rote Zone Südpfalz. 1941 Rückkehr. 1944 zweite **Evakuierung**
1946	Bildung des Landes **Rheinland- Pfalz** durch .franz. General Koe- nig.
1990	Die Grenzregion liegt wieder im **Zentrum Europas**.

6.1 Mythen

Mythen sprechen häufig in Archetypen. Sie sind Wahrheiten auf der symbolischen Ebene des kollektiven Unbewussten. Sie sind für unsere Zeit zu deuten.

Der Pfälzerwald oder **Wasgau** erschien schon den Kelten als eine Gottheit. Bei ihnen hieß er „**Wassichin**", Auerochsengebirge. Die Römer nannten ihn „**Vogesus**" oder „Vosegus" und verehrten ihn ebenfalls als mächtige Gottheit. Die Nibelungen nannten das Gebirge den „Wasgenwald". Er spielt eine große Rolle im Nibelungenlied.

Nibelungen

Das Nibelungenlied wurde im 12. Jhd. niedergeschrieben, es berichtet von Ereignissen, die sich im 5. Jhd. abgespielt haben. Der Freizeitforscher Heinz Gropp aus Worms kommt zu dem Schluss, dass neben Worms die Gegend um Bad Bergzabern ein wichtiger Schauplatz dieses Epos ist. Er geht davon aus, dass Hagen ein Druide aus Trunniswilare (heute Drusweiler) ist. Er handelt in dieser Funktion, nicht um Brunhilde zu rächen. Durch seinen Meineid hat Siegfried die Gottheit verletzt. Nun muss sie durch ein Opfer- Siegfrieds Tod- versöhnt werden. Und der Ort für ein **Sühneopfer** ist ein Heiligtum. Dieses keltische Heiligtum sei die Quelle Colbron auf dem Kolmerberg bei Dörrenbach. Der „Odenwald" sei der Wotans- oder Odinswald rund um die heutige Ruine Guttenberg (Wotansberg).

Walthari Sage

Am Wasigenstein, nahe dem keltischen Heiligtum Maimont hat sich Walther von Aquitanien auf der Flucht von Worms allein den burgundischen Nibelungen entgegengestellt. Diese waren von König Gunther vorausgeschickt worden um Walthers Hiltgunt und der Schätze Aquitaniens habhaft zu werden. Walther erschlug 11 Nibelungen. Nach der blutigen Schlacht, auch gegen seinen Jugendfreund Hagen fand dort schließlich die **Versöhnung** statt.

Der gute König Dagobert

Der merowingische König Dagobert „der Gute" herrschte um 650 anfangs von der Burg Landeck aus, später von Göcklingen über Austrasien und Kleinfrankreich. Der vom Volk geliebte König stiftete die Klöster Weißenburg, Klingenmünster und Speyer. Da er besonders den Bauern viel Gutes tat, beschlossen die Großen des Reichs seinen Tod und überfielen ihn auf seiner Burg Landeck. Ein Bauer führte den König auf Schleichwegen in Richtung seiner Burg in Godramstein. Unterwegs musste er ihn unter einem dichten Weißdornbusch verstecken, später „Dagoberthecke" genannt. Inzwischen hatten die Bauern die Empörung niedergeschlagen. Zum Dank vermachte der König testamentarisch seine ausgedehnten Waldgebiete den Bauern zum unteilbaren Eigentum. So bildeten sich im 7.Jhd. Mark**genossenschaften**, die man„Haingeraide", nannte. Thema **Liebe, Treue und Dank**.

Kaiser Barbarossa

Die Kaisersage spielt nicht nur auf dem Kyffhäuser, sondern auch im pfälzisch- elsässischen Raum. 1592 wird sie erstmals auf die Pfalzen Kaiserslautern, Hagenau und **Trifels** verlegt. Im 19. Jhd wurde sie vaterländisch- literarisch bearbeitet: „Unter den Grundfesten der ehemaligen Kaiserburg Trifels liegt ein goldener Saal. Auf goldenem Stuhl sitzt regungslos Kaiser Friedrich. Sein gekröntes Haupt ruht auf der Brust. Durch den schwarzen Marmortisch ist sein feuriger Bart gewachsen.... Kaiser Rotbart wacht träumend über das Schicksal unserer Heimat"
Die Vorstellung vom guten Herrscher, der nicht verstorben ist, sondern im geheimen auf seine Wiederkehr, den Tag der Erweckung wartet, hat eine lange geistesgeschichtliche Tradition. Die Dichtungen um Barbarossa spiegeln Hoffnungen wider, die einst mit dem Verlangen nach nationaler Einheit und einer **Erneuerung der Reichsidee** einhergingen. Sie können aber auch als Fortführung eines alten keltischen Sonnenmythos gedeutet werden.

Richard Löwenherz

In der Verkleidung eines Priesters soll der englische König Richard Löwenherz versucht haben, auf dem Heimweg vom Kreuzzug das feindliche Österreich zu durchqueren. Er wurde 1192 bei Wien entdeckt und auf den stark befestigten Trifels gebracht, wo er sicher, standesgemäß und mit der ihm gebührenden Ehre verwahrt wurde. Weil König Richard im Heiligen Land den Herzog von Österreich und mit ihm das kaiserliche Heer gedemütigt hatte, musste er selbst gedemütigt werden. Er kam erst nach **12** Monaten, **7** Wochen und **3** Tagen wieder frei, nachdem er sich in Speyer dem Kaiser unterworfen hatte. Das Thema ist **verletzte und erwiesene Ehre.** Von den Forschern wird seine Verwegenheit im übrigen als Todessehnsucht interpretiert Die Legende verbindet ihn mit Robin Hood und auch mit seiner Befreiung durch den Sänger Blondel, der durch die deutschen Lande reiste und vor jedem Burgtor sein Lied sang, bis vom Trifels die Antwortstrophe erklang.

Prinzessin Petronella

Auf dem Berg Petronell bei Bergzabern stand eine stolze Burg, die von der römischen Prinzessin Petronella bewohnt war. Sie soll eine mildtätige, barmherzige Frau gewesen sein und der Stadt einen großen Wald geschenkt haben. Heute noch soll sie ihre einstige Wohnstatt als **weiße Frau** umschweben.

Schlossberg und Schlössel bei Klingenmünster

Auch auf dem Schlössel geht eine **weiße Frau** um. Hier wohnte aber auch der blutrünstige **Ritter Maulus**. An bestimmten Tagen zog er herunter vom Schlossköpfel, um sein blutiges Schwert am Mühltalbach zu reinigen. Er kann nie erlöst werden und muss sich bis ans Ende der Zeiten zeigen. Wenn ein Raubvogel sein heiseres Krächzen hören lässt, heißt es noch heute: Der Maulus kommt. Auch ein **graues Männchen** gibt es am Schlossberg. Es vollführt besonders im Advent groteske Tänze auf der Schlossmauer und verängstigt Wanderer durch fürchterliches Grimassenschneiden. Es ist der Hüter großer Schätze. Von seinem Feuerlein auf dem Schlossberg hat es sich einen langen Gang ins Dorf gegraben, der unter der Kirche endet.. Weitere Gänge führen zur ehemaligen Maria- Magdalena- Kapelle und zur St. Nikolaus- Kapelle. An den Seiten dieser Stollen sind die Reichtümer aufgestapelt.

Der Röckselgrund

Der Maulus trieb sein Unwesen auch in der Rothmühle. Er ließ Mühlsteine zerspringen, das Rad plötzlich stehen und die Maltersäcke platzen. Kein Müller blieb lange. Erst der Geisterbanner Rachmudel schaffte es, den Maulus in ein Glas zu bannen. Er trug das Glas in den Röckselgrund. Seit diesem Tag tauchte der Maulus nicht mehr in der Mühle auf, aber der Röckselgrund war nicht mehr sicher. Der Maulus ließ riesige Steinlawinen zu Tal rollen und lachte dazu, dass einem bange wurde. **Alle Gespenster wurden** früher in Sack oder Flasche **ins Röcksel gebannt**. Aber auch der **„Wilde Jäger"** soll dort schon manchem im dunklen Gewand begegnet sein, ohne Kopf übers Gebüsch schwebend oder mit der roten Feder hinter einzelnen Riesenföhren hervortretend. Aber er zieht nicht mit seinem Wilden Heer-der Versammlung toter Seelen- mit Lärm durch die Nacht , wie anderswo. Heute ist der Röxelgrund „dank" Forstbewirtschaftung nicht mehr unheimlich. Lediglich einzelne Riesenföhren, die von unmittelbar aus deren Wurzelstock aufsteigenden, verwachsenen Buchen mit nach unten wachsenden Ästen umarmt werden, lassen das frühere Unheimliche ahnen.

Kloster Heilsbruck

Die Äbtissin Kunigunde machte sich eines Tages auf den Weg, den Platz für ein neues Kloster zu suchen. Sie war davon überzeugt, dass sich ihr Traum bewahrheiten würde, wonach ein Hirtenjunge den genauen Standort angeben sollte. Hinter Wazzenhofen hatten sich schon einige Mönche aus Eußerthal versammelt, die als Fachleute im Bauwesen der Äbtissin zur Seite stehen sollten. Plötzlich erscholl ganz in der Nähe die Melodie, die die Äbtissin jeden Tag zur Verherrlichung **Mariens** sang. Sie fand im Gestrüpp einen Hirtenjungen mit einer Weidenpfeife (**Wünschelrute?**). Der Platz für das neue Kloster stand nun fest.

7 Energieflüsse, Leylines, Figuren in der Landschaft

Mit dem Begriff der Leylines wird die Energie bezeichnet, die sich als **Interferenz zwischen** kultischen (Bauwerke, Heilige Stätten, Menhire) oder natürlichen **Objekten** (Bergkuppen, Felsformationen) aufbaut. (Wieder-)Entdeckt wurde diese, meist lineare Ausrichtung entlang bedeutungsvoller Orte von A. Watkins 1921. Wie in der mitteleuropäischen Theorie der Urwege und Geisterwege, bzw der irischen Feenwege sollen es natürliche, waldfreie Stellen besonderer Energie gewesen sein, die sich besonders auch für die ersten Pfade eigneten. Wurden zuerst nur in der Luft liegende Leylines als Wege des Geistes und **Kraftlinien** entdeckt, geht man heute auch von unterirdischen, in Hohlräumen und Tunneln verlaufenden Leys aus. Der englische Leyforscher Paul Devreux bietet eine interessante Theorie an. Gerade Linien in der Landschaft hatten mit Astronomie und mit dem Totenkult zu tun. Es sind **Luftlinien des Tranceflugs**, auf der Erde verewigt und evtl. zu bestimmten Zeiten abgeschritten. Entsprechend finden sich häufig in Mythen überlieferte Tunnelverbindungen oder Toten- und Hellwege.

Sowohl die <u>Steinzeitmenschen</u>, wie auch die <u>Kelten</u> kannten gerade Totenwege. Die riesigen geraden Linien der <u>Römer</u> dienten hingegen in erster Linie profaner Nutzung und dann erst den Göttern, während die <u>Salier</u> ihre stadtübergreifenden Leys zur Stärkung der Kirchenmacht nutzten. In der <u>späteren Stadtplanung</u> wurden gerade Verbindungslinien und Achsen ein städte und gartenbauliches Prinzip ohne religiösen Hintergrund.

Die Energien der Leylines werden unterschiedlich wahrgenommen, je nach Erwartung, Erfahrung und geistiger Ebene.

Da ich Leylines in der Natur nur bedingt wahrnehmen kann und daher vorwiegend mit Karten arbeite, ist die Gefahr groß, zuviel in die Verbindungslinien von markanten Punkten hinein zu interpretieren. So sind die mir ins Auge springenden Leylines lediglich als Annahmen oder Gleichnisse für weitergehende Untersuchungen anzusehen.

Kleinräumige Verbindungen und Figuren erkenne ich als sinnfällige, Aufmerksamkeit heischende Gesten vor Ort, deren Bezug ich dann auf der Karte, bzw mit dem Kompass nachvollziehe. In der vorliegenden Arbeit sind sie direkt den einzelnen Themen der „Analyse der topografischen Karte, Erkundung" zugeordnet.

Unschärfen auf der 1: 25 000 er Karte erwiesen sich häufig als spätere Verlegung des ursprünglichen Standortes. Dagegen lassen sich im Maßstab 1: 200 000 Ungenauigkeiten herausgelesener Figuren und Achsen nicht vermeiden. Hier ist im Einzelfall eine exakte Nachprüfung erforderlich.

Von hier aus sind bei guter Sicht auch entferntere Objekte in Schwarzwald, Odenwald oder im Elsas zu erkennen und einzubinden.

So fiel mir auf, dass die von einer früheren Diplomantin im Albtal erkannte Leyline bis in den Pfälzerwald weiterführt. Die Nachprüfung ergab die Linie: **Bad Herrenalb**, Steinersches Sonnenorakel mit dem Pentagramm in Malsch, Wallfahrtskirche Kloster Maria Bickesheim in Durmersheim, dann über den Rhein nach Büchelberg (Lt. Jens Möller ein vorchristliches Mondheiligtum), über die bronzezeitlichen Siedlungen Freckenfeld, Barbelroth und die Nikolauskapelle in Klingenmünster, das Schlössel (s. Burgen) und den Heidenschuh (s. Burgen) zum **Asselstein** (s. Felsen).

Großräumiger ist die Verbindung : **Mahlberg**, Durmersheim, Ringwall Au, Büchelberg, Madenburg, Trifels- Burgendreifaltigkeit, **Johanniskreuz**. Interessant und untersuchenswert deshalb, weil das Johanniskreuz eine exakt **5 eckige Lichtung** im Pfälzerwald ist. Es ist ein schon von Kelten, Römern, Franken und Staufern genutzter Altstraßen- Knotenpunkt, Grenzscheide und Mittelpunkt der pfälzischen Wasserscheide zwischen Mosel und Rhein. Bezeichnenderweise hat hier 2004 das Haus der Nachhaltigkeit seine Tore geöffnet, um sich zum „zentralen Knoten eines Netzwerkes" im Biosphärenreservat zu entwickeln.

Im weiteren Untersuchungsgebiet ergibt die Verbindung der Orte mit „**Stein**" eine gerade Linie, während die Verbindung der Orte mit den Bestandteilen „**Eck**" und „**Weißen**" nördlich von Annweiler einen Halbkreisbogen ergibt.

Die alten **Klosterstandorte** Weißenburg, Oberotterbach, Klingenmünster, Edenkoben und einzelne Kapellen sind über eine gerade Achse verbunden. Zwischen Weißenburg und Klingenmünster ergibt sich darüber hinaus ein Chakrensystem. Das Wurzelchakra liegt beim 1. Klosterstandort Blidenfeld am Ausgang vom Annweiler Tal, Bad Bergzabern steht für den Solarpexus und Weißenburg bildet den Scheitel.

Die **Tunnellinien** der Mythen ergaben bisher nur zum Teil Leylines. Diejenige vom Schlossberg, Schlössel Klingenmünster zur Nikolauskapelle deckt sich mit der Linie von Bad Herrenalb zum Asselstein. Der Tunnel vom Kaltenbronn in Ranschbach zum Kloster Eußerthal kann eine Bedeutung im Hinblick auf die Sternbilder haben. Noch keinen Bezug konnte ich bei folgenden Tunneln bilden:
Vom Schlossberg Klingenmünster ins Dorf unter die Kirche und zur Maria Magdalena Kapelle und von der Burg Landeck zur Dagoberthecke bei Siebeldingen.

Außer den Leylines bestehen häufig auch Chakrasysteme in Stadt und Landschaft. Diese betreffen auch Burganlagen wie z. B. Das Schlössel in Klingenmünster, wie auch den Großraum zwischen

Eschbach und Wissembourg (s: Karte im Anhang).
Chakrasysteme in der Stadt und der Landschaft

Städte wurden häufig im Hinblick auf ein vollständiges Chakrasystem angelegt und in die Chakras der natürlichen Umgebung eingeordnet. Herausragende Gebäude wurden an den Stellen errichtet,, an denen sich die entsprechenden Aktivitäten und Inhalte verstärkenden Energiezentren befanden. Nicht nur geplante, auch organisch gewachsene Städte können sich entlang eines Chakrasystems entwickelt haben.

Auch in der Landschaft gibt es Bereiche, die alle Chakras mit einer ähnlichen Energiestruktur wie der menschliche Körper aufweisen. Oft liegen kleinere innerhalb eines großen Sytems. Sie können sich meilenweit übers Land ziehen.

Scheitel   **Krone des Ortes**, Burg, Kapelle, Kirche

Stirn   **Beherrschende, kontrollierende Energie.**
                      Verwaltung, Behörden, Rathäuser, Forschungsstätten,
                      Observatorien, Universitäten..
                      Auch Burgen, Kirchen, um die beherrschende Energie
                      auszunutzen, die das Stirn- Chakra kennzeichnet.

Hals   **Zentrum für Intelligenz, Sprechen, Hören**, Kultur, Er-
                      Ziehung, Schulen, Konzertsäle, Büchereien. Kirchen)

Herz   **Zentrum für Frieden, Harmonie, Schönheit.**
                      Mit vertikalen Elementen im zentralen Fokus.
                      So ergibt sich ein 3- dimensionales kosmisches Kreuz
                      (wie Vierung).
                      Kathedralen, Parlamentsgebäude, Platz. Besonders
                      Springbrunnen, da sie natürliche Aufwärtsbewegung der
                      Erdenergie nachahmen, auch Skulptur, Kreuz, Baum.
                      Mittelpunkt des Landschafts- Zodiaks.

Solarplexus   **Sitz des niederen Ego.**
                      Marktplätze, Ladenstraßen, Handels- und Wirtschafts-
                      Zentren, Restaurants, Geschäfte. Besonders gut mit
                      Straßenkreuz als Fokus.

Sakral   Industrie, **Gewerbe**, Puffs.

Wurzel   Aktivitäten, die mit **Lagern und Verteilen** zu tun haben.
                      Stadttor. (Kirche)

8 Geometrisch- astronomische Bezüge

8.0　Ost- West- Linien und dazugehörige Sonnenwend-
　linie

In enger Naturverbundenheit sahen vorchristliche Völker, wie z. B. die Kelten, die Schöpfung als dynamischen Prozess. Dabei spielten neben dem Ort des Vollzugs religiös- ritueller Handlungen die Mondphasen, die Jahreszyklen, aber auch die 4 Haupthimmels- richtungen und besondere astronomische Ereignisse eine große Rolle. Vollmond, Sonnenwenden, Tag- und- Nachtgleiche waren heilige Tage, die entsprechend rituell gefeiert wurden.

Die meisten frühen heilige Orte nördlich des Wendekreises des Krebses waren in Bezug darauf ausgerichtet. Diese Ausrichtung sagte den NutzerInnen, wann die Energien an diesem Platz am größten waren. Zweck der Orte war es, die Fähigkeiten zu verstär- ken, mit dem Nicht- Physischen in Verbindung zu treten und eine Kontaktaufnahme mit spirituellen Ebenen zu verstärken oder eine Transformation herbeizuführen. Die Ausrichtung auf die Sonnen- wendpunkte ist das häufigste gemeinsame Merkmal archäo- astronomischer Fundstätten auf der ganzen Welt.

Auf dem 49. Breitenkreis, der diese Region tangiert, liegen die Wendepunkte der Sonne zur Zeit der Wintersonnenwende und der Sommersonnenwende stets in einem Winkel von jeweils 37° von der Ost- West- Linie. Dieser lokale Sonnenwinkel entspricht zum einen dem Winkel des pythagoreischen Dreiecks mit den Sei- tenlängen 3, 4 und 5, zum anderen der Urmatrix und dem Bild der kretischen Labrys, der doppelköpfigen Axt als Symbol der Göttin. Dieses wurde im keltischen das Zeichen für „Häuptling"= con. Legte man die Labrys so, dass der Stiel auf den Polarstern zeigte, ergaben sich die Richtungen der Sonnenwenden. Plätze wurden damit so verortet, dass Landschaftsmarken genau auf den Auf- und Untergangspunkten zu liegen kamen.

Viele astronomischen Bezüge der vorchristlichen Zeit sind nicht mehr identisch mit den heutigen. Der Sonnenwinkel als solcher bleibt aber gleich. Die Lage des Nordpols soll im übrigen vor ca 2000 Jahren relativ nahe am heutigen Standort gewesen sein.

Die Sonnenpunktbezüge sind in den Karten oder unter den Ein- zelthemen eingetragen.

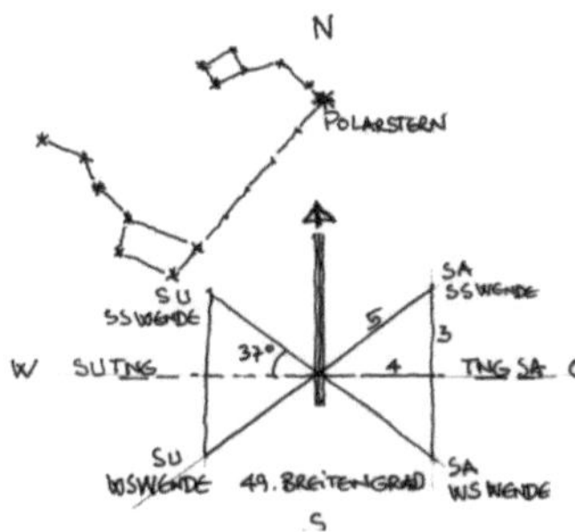

8.1   Daraus entstehende geometrische Formen

Über die astronomischen Bezüge hinaus wurden Orte durch die Anwendung von Geometrie, Zahlenverhältnissen und Zahlenrhythmen auf die Ausformung, aber zusätzlich auch mit farbigem Glas und Licht auf bestimmte Frequenzen gestimmt. In der Baukunst verhalf die Kenntnis über die Wechselwirkung zwischen Geist, Körper und Umgebung den Gesetzen der Proportion und Harmonie zu hoher Bedeutung.

Im Bereich um den Trifels fiel mir sofort eine **spiralförmige** Verbindung markanter Punkte bzw Bezeichnungen auf. Die Mitte bildet aber nicht der Trifels, wie ich eigentlich erwartet hatte, sondern ein Bereich westlich der Kaiserstadt Annweiler. Dieser Bereich spielt auch bei anderen Figurverbindungen eine Rolle. Inwieweit eine so große Spirale gezielt angelegt oder betont werden konnte, ist natürlich hinterfragbar. Die Spirale als Symbol könnte insofern Sinn machen, als vor ca 2000 Jahren der Sonnenaufgangspunkt zur Frühlings- Tag- und Nachtgleiche im Widderpunkt stand, bevor er in die Fische (Symbol des Christentums) wanderte. Die Spirale ist Zeichen des Widdergehörns.
Weitere Formen sind der Karte zu entnehmen.

8.2   Sternbilder

Als ich das Dreigestirn des Trifels vor Jahren zum ersten Mal sah, erinnerte es mich sofort an den Gürtel des **Orion**. Für die Arbeit lag es nahe, die zugehörigen Hauptsterne zu finden. –Wie oben, so unten.
Die Projektion ergab mit dem Neukastell mit dem Kaltenbronn sowie dem Eichelberg markante Punkte. Der ungefähre Standort der Gegenpaare schien auf der Karte unbedeutend, vor Ort erwies sich jedoch der nordwestliche „Stern" als eindrucksvolles Hochplateau in einem weiten Bergkessel. Trotz der Lage oberhalb der Stadt wirkt es wie der Boden einer Schale. Mit der Rute war eine hohe Energie messbar. Dieser Ort fällt zudem mit der Mitte der Landschafts- Spirale zusammen. Den nordöstlichen „Stern" kann ich vorerst nur vermuten. Er liegt wahrscheinlich oberhalb Gut Ho-

henberg auf der mythischen Tunnellinie vom Kaltenbronn nach Eußerthal.

Ich kann mir vorstellen, dass dort zu bestimmten Zeitpunkten Feuer entzündet wurden, quasi irdische Sternbilder.

Der Orion bezeichnet Wendepunkte im Jahr. Er kündigt den Herbst an und kulminiert Mitte Dezember. In der ägyptischen Mythologie ist er mit Osiris, dem Gott des Todes verbunden. In der griechischen war er ein tapferer Jäger, der damit prahlte, alle lebenden Tiere töten zu können. Die Erdgöttin Gaia sandte daher einen Skorpion, um ihn zu töten.

Hybris wird von der Erde nicht geduldet.

Ein weiteres Sternbild bildet die Verbindung der Orte mit Eck-, und Weißen nördlich der Kaiserstadt Annweiler. Es ist die Krone (corona), die am Mittsommerhimmel auffällt.

9 Grafik

9.0   Tortendiagramm mit Verteilung der Richtungsqualitäten

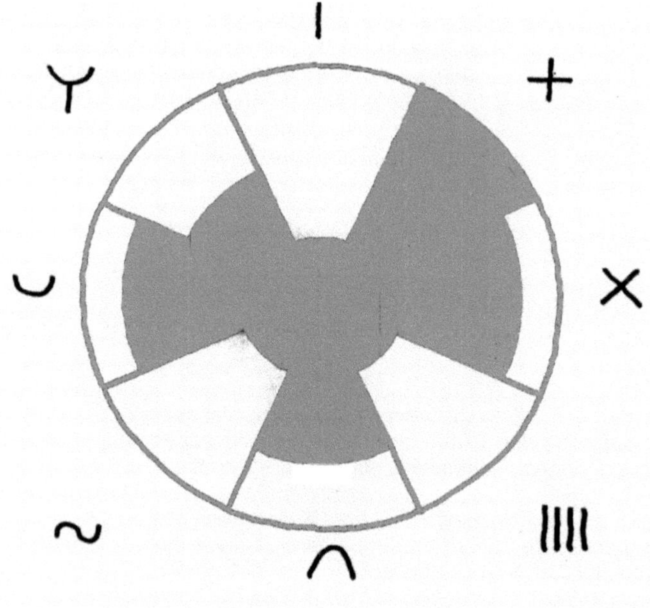

NORD

10 Zusammenfassung

An Hand der unter Punkt 11 abgebildeten Grafik ist zunächst fest-
zustellen, dass die Qualitäten sehr unterschiedlich verteilt sind
Das bedeutet, dass durch Vorherrschen einzelner Elemente die
Ganzheitlichkeit der Region gestört ist.

Im Diagramm zeigt sich eine starke Konzentration der Archetypen
SW (x) und W (+). Die Südqualität fehlt trotz des Mittelmeer-
Charakters des Raumes vollkommen.

Die liebliche, kommunikative, nährende ,insgesamt sehr weibliche
Landschaft der Vorhügelzone steht in dynamischer Spannung zu
ihrem männlich charakterisierten Tiefenarchetyp und der Bergzone.

Auf der einen Seite also eine enorme Präsens von Macht , Fülle
und vitaler Energie, verbunden mit dem Nährenden (u) und
Schützendem (n) der Region. Auf der anderen Seite kann sich
eine inspirierende Klarheit nicht durchsetzen, erscheint sogar blockiert. Es fehlt Zielgerichtetheit, Entscheidungsfreude, intellektuel-
le Auseinandersetzung.

Der Ausgleich wird über den Wein geschaffen Er transformiert die
Erddynamik und die Sonne des Südens und verbindet so Himmel
und Erde. Damit drückt der Geist des Weines der Region den
Stempel auf. Er verbindet die Landschaftsteile und Menschen,
reicht über die Grenzen hinaus und prägt die Lebenskultur des
Landes. Er öffnet die Menschen nach oben. Er ist das Thema des
Großraumes.

Es zeigt sich aber auch, dass die zunehmende Zentrierung auf
das Element des SW Archetyps zur Unausgeglichenheit und Einseitigkeit führt. Das bedeutet vergehende Kraft, Überdruck, Stau.
Wenn nicht gegengesteuert wird, wird die Spannung zwischen der
lieblichen, kommunikativen, nährenden und insgesamt sehr weiblichen Landschaft der Vorhügelzone und dem männlich charakterisierten Tiefenarchetyp und der Bergzone aufgelöst.

Nach den Gesetzen der Natur folgt auf die Auflösung ein neuer
Impuls, der den Kreislauf des Lebensrades von Neuem und mit
Neuem beginnen lässt.

10 Literaturverzeichnis

- Albert Decker und Klingenmünster, Erich Hehr 1983
- Alte Wege. Historische Straßen und Wege in der südl. Vorderpfalz, Hermann Arnold, 1997
- Beiträge der Flurnamenforschung zur Römerstraßenforschung in der Pfalz, Ernst Christmann und Karl- Werner Kaiser, 1966
- Das Kultplatzbuch, Gisela Graichen, 1990
- Die Bayrische Pfalz unter den Römern, 1863
- Die Pfalz und die Pfälzer, August Becker, 1857
- Die Siedlungsnamen der Pfalz, Ernst Christmann,1964
- Die Wallfahrt zu Unserer Lieben Frau vom Kaltenbronn zu Ranschbach, Josef Keiser, 1984
- Flurnamen zwischen Rhein und Saar, Ernst Christmann, 1965
- Geheimwissenschaft Geomantie, Ulrich Magin ,1995
- Geomantie in Mitteleuropa, Jens M. Möller, 1995
- Handbuch der historischen Stätten Deutschlands, Rheinland- Pfalz und Saarland, Dr. Ludwig Petry 1988
- Kaiser Barbarossa, Kyffhäuser und Trifels, Helmut Seebach
- Kapellen im Bistum Speyer, Fred Weinmann 1975
- Kultmale der Pfalz, Fred Weinmann 1975
- Labyrinthe, Sig Lonegren,1994
- Pfalzatlas
- Pfälzer Sagen, Viktor Carl,1986
- Pfälzische Landeskunde, Band 1, M. Geiger, g. Preuß, K.-H. Rothenberger, 1981
- Rittersteine im Pfälzerwald, Walter Eitelmann, Auflage 1998
- Sprache der Eiszeit, Richard Fester,1962
- Topografische Karten, Landesvermessungsamt Rheinland-Pfalz
- Truwe und veste, Rolf Übel, 1993
- Was Sternbilder erzählen, Geoffrey Cornelius, 1997
- Zoence- Die Wiederentdeckung der Tempelwissenschaft, Peter Dawkins, 1996

12 Anhang

Karten und Pläne

Geologische Karte

Landeck Bezüge

Ranschbach Bezüge

Römerwege

Landschaftsfiguren   Steinkopf
Stein-, Eck- Weissen-
Spirale

Orion

Danksagung

Mein Dank gilt Siegfried Prumbach, der in seiner tiefen Ver-
bundenheit mit Gaia und der Weltenseele meine Wahrneh-
mung und Achtsamkeit für die nicht messbaren Dimensio-
nen der Wirklichkeit weckte und schulte. Die praktische
Ausbildung ließ Raum für subjektive Erfahrungen, so dass
ich hoffe, meinen eigenen geomantischen Weg verantwort-
lich gehen zu können.
Danke auch meinem Mann für seine Toleranz und seine Hil-
fe am PC.
Danke allen Mit- SeminarteilnehmerInnen für ihr weites
Herz und manche Diskussion und besonders Petra für ihre
spirituelle Unterstützung.

3.0 Geologische Karte

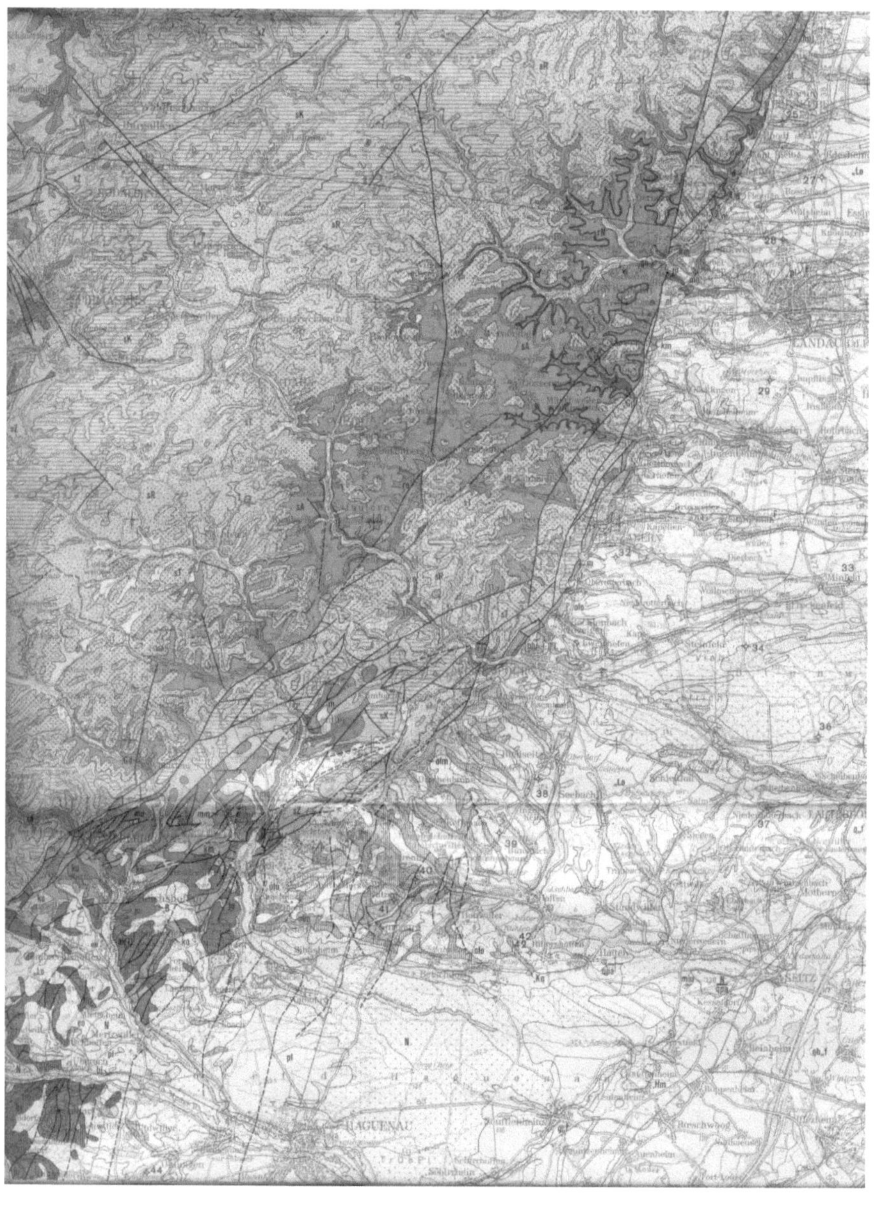

5.1 Landeck

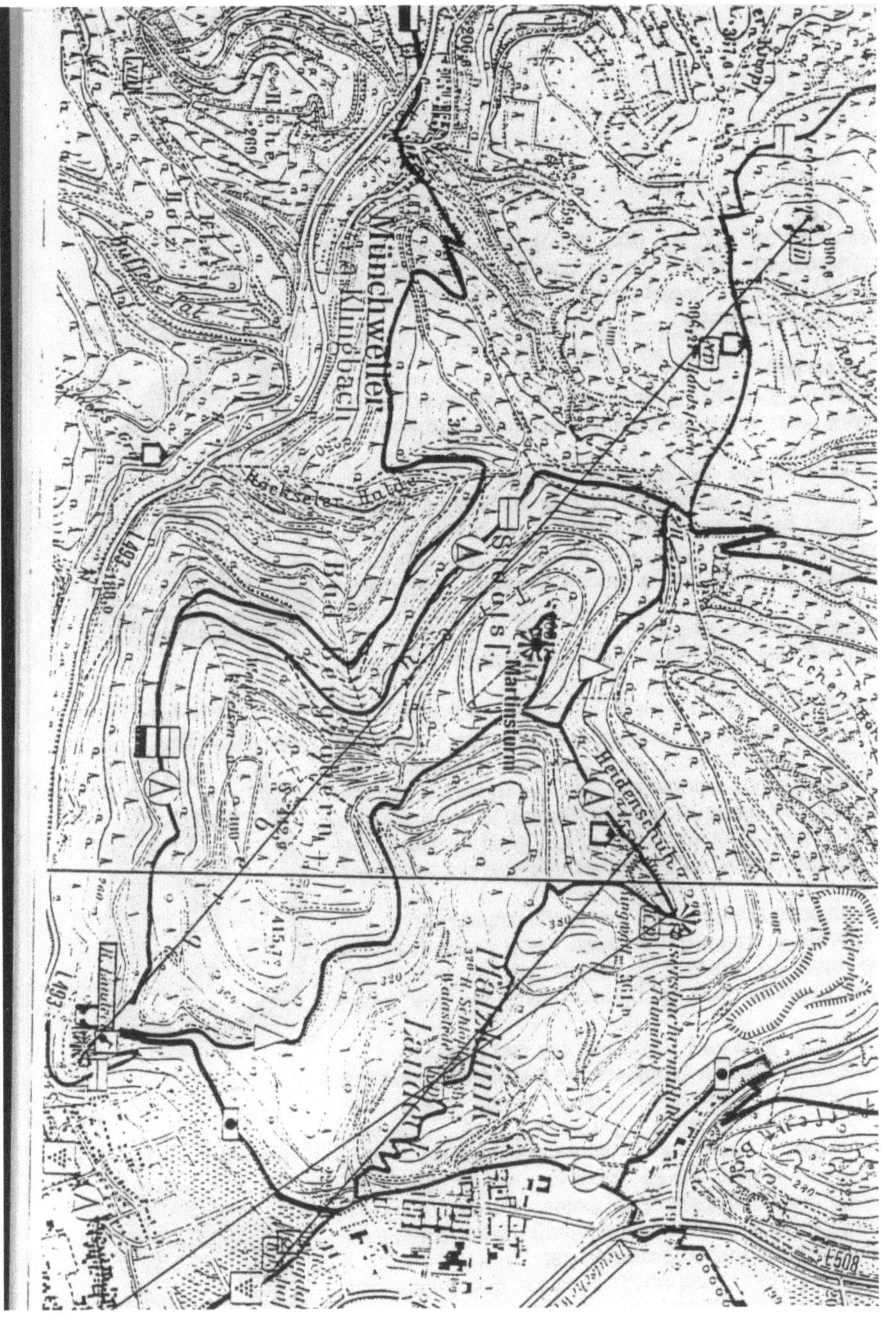

6.0 Kaltenbronn

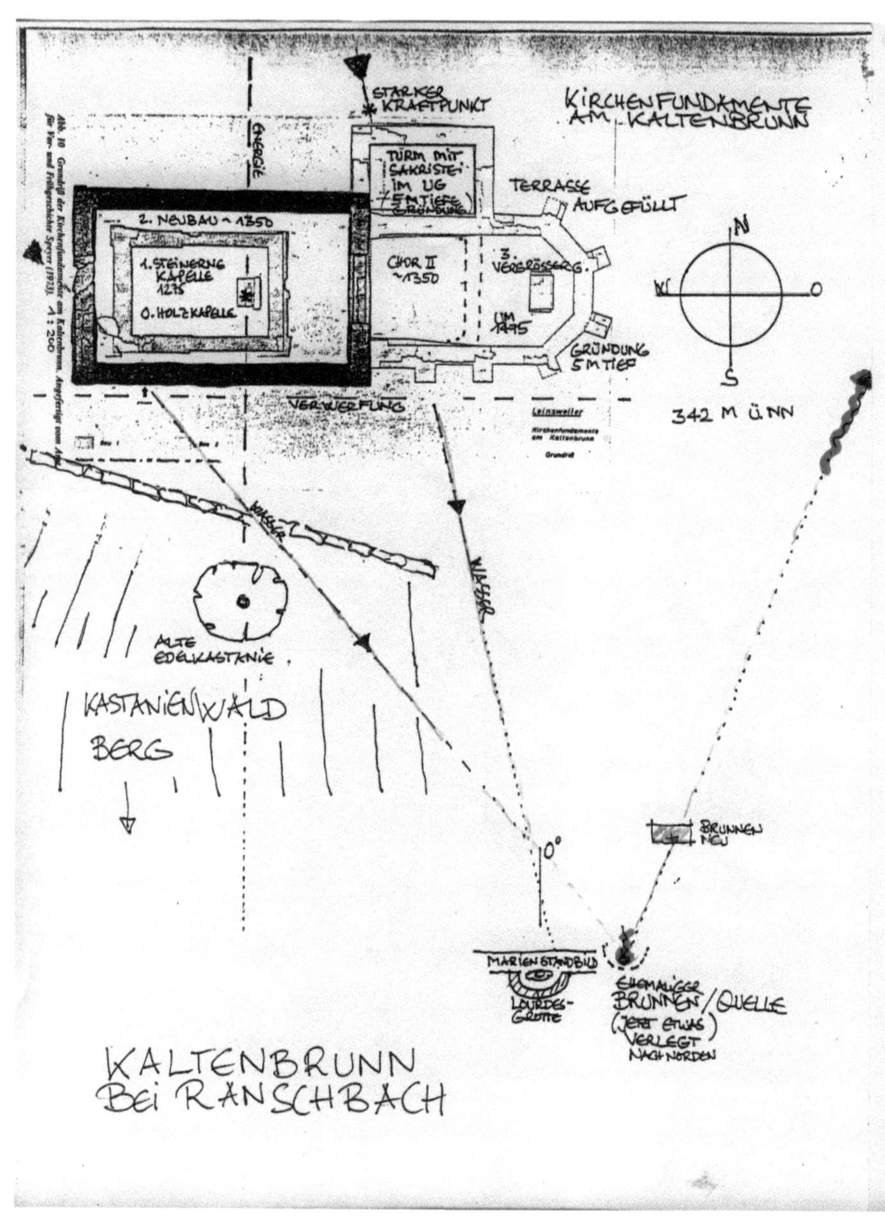

Kaltenbronn

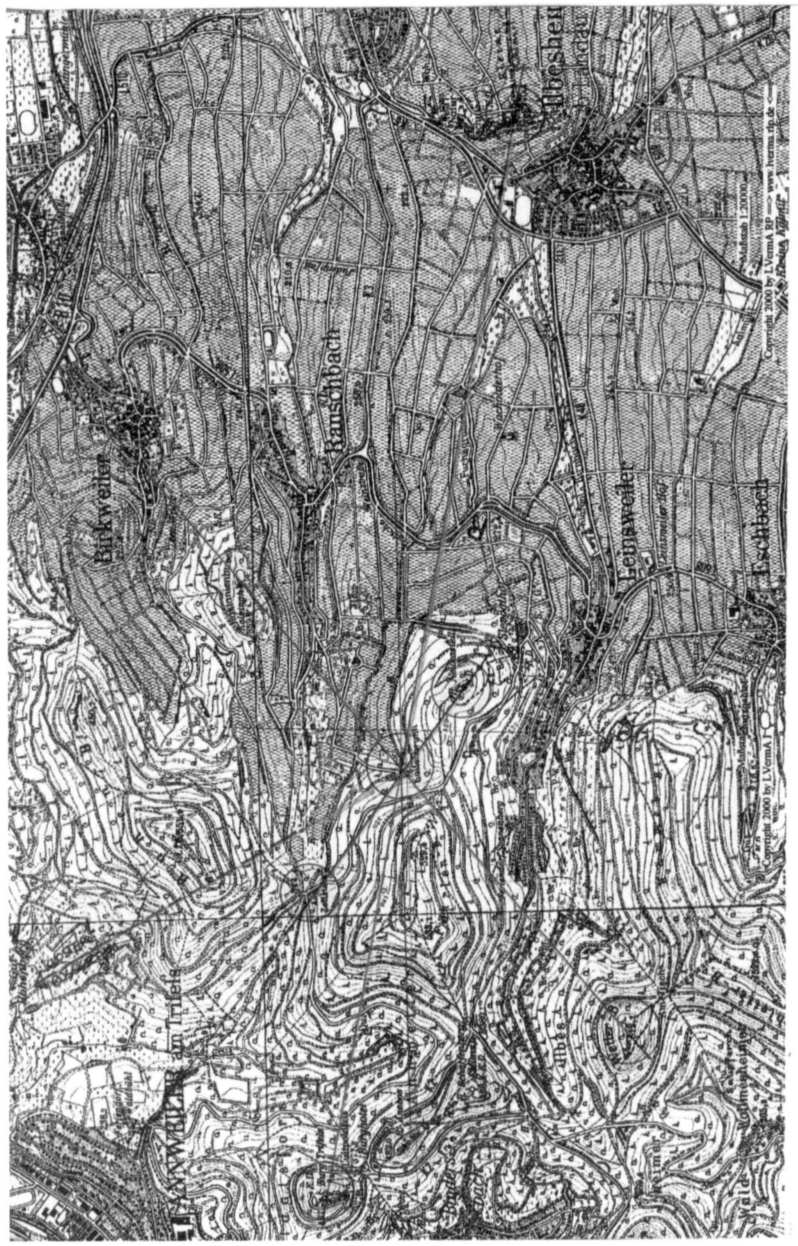

6.0 Ranschbach Leylines

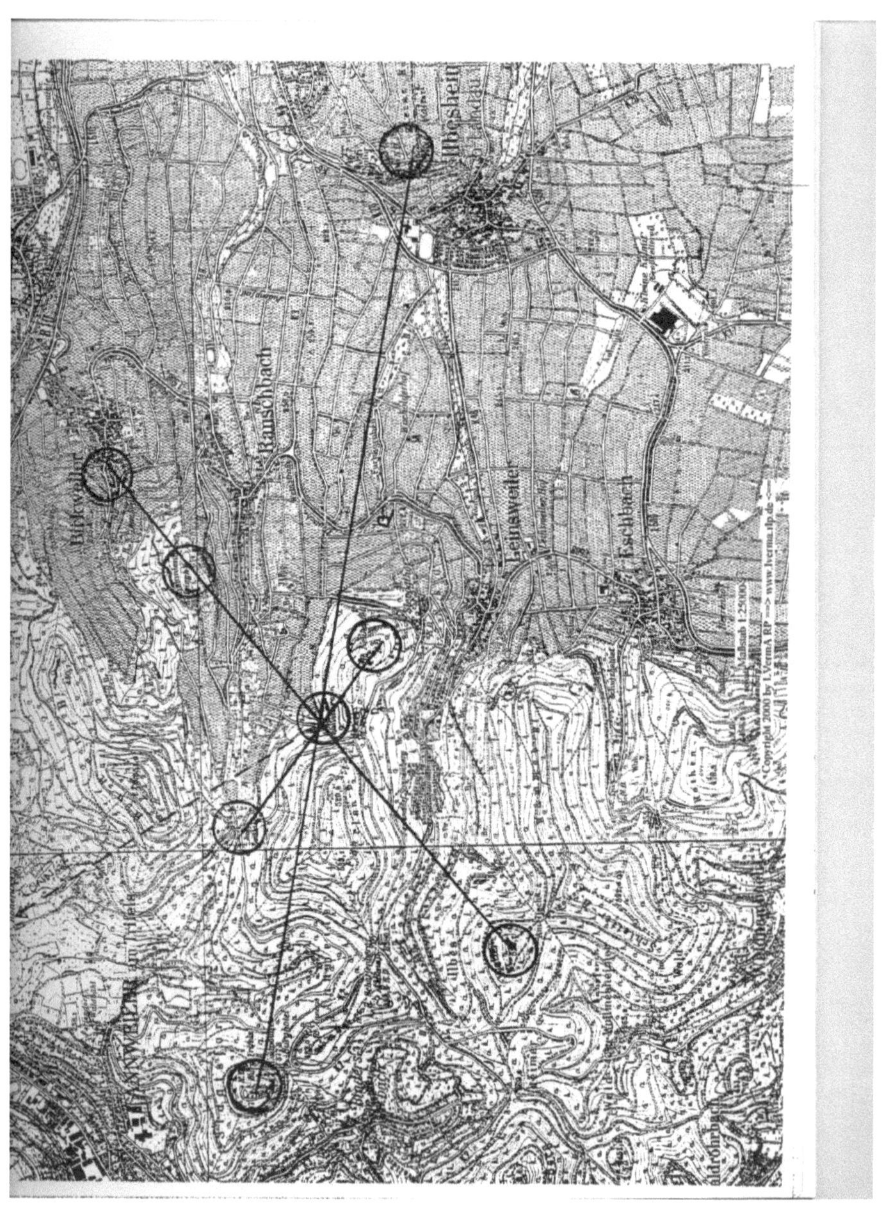

6.4 Wege

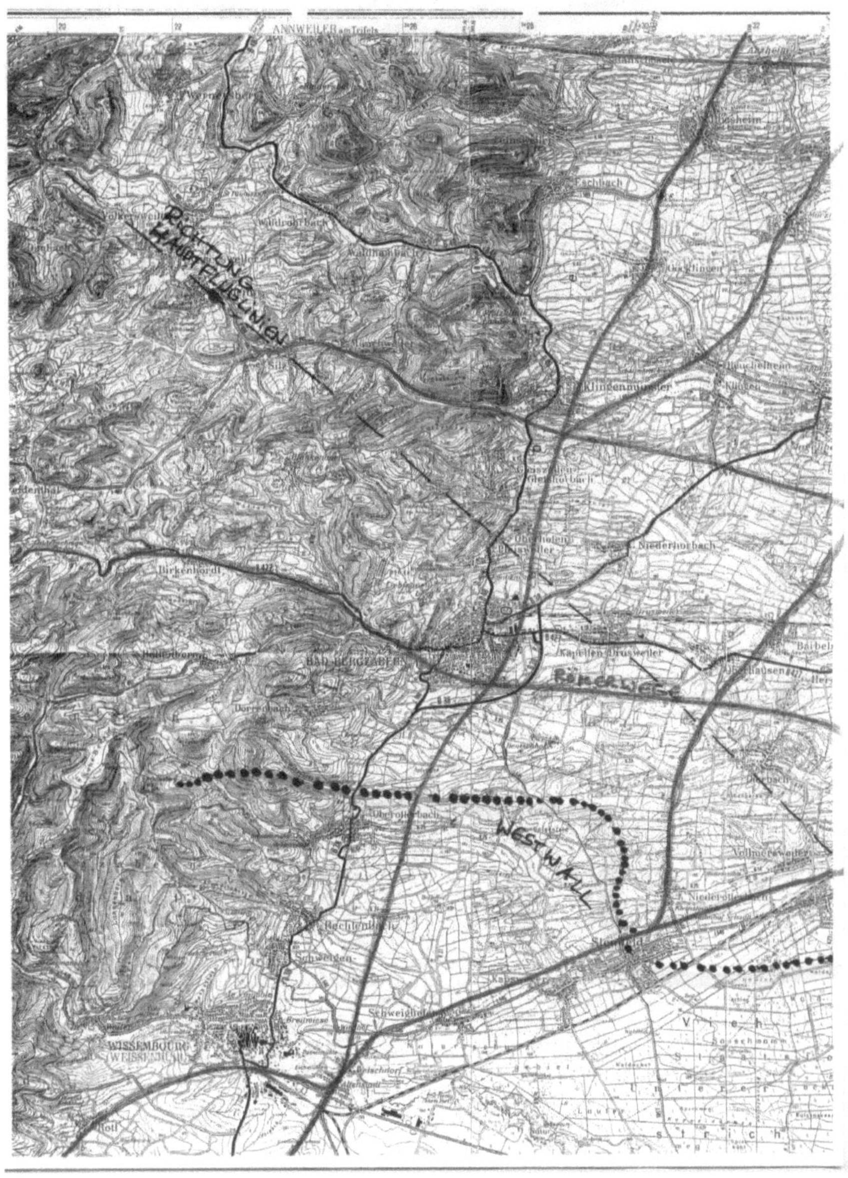

8.0 Chakren

WURZEL
ST. GALL
GEHSTATTEN
SAKRAL
GEWERBEPARK
MÄRLA
ST. GEORG II
MARKT ZENTRUM
SOLARPLEXUS
HERZ
ST. PETER
ST. GEORG
MUSIKAKADEMIE
BÜCHEREI
MUSEUM
HALS
STIRN
A. WINTER
ST. THOMAS
SCHEITEL

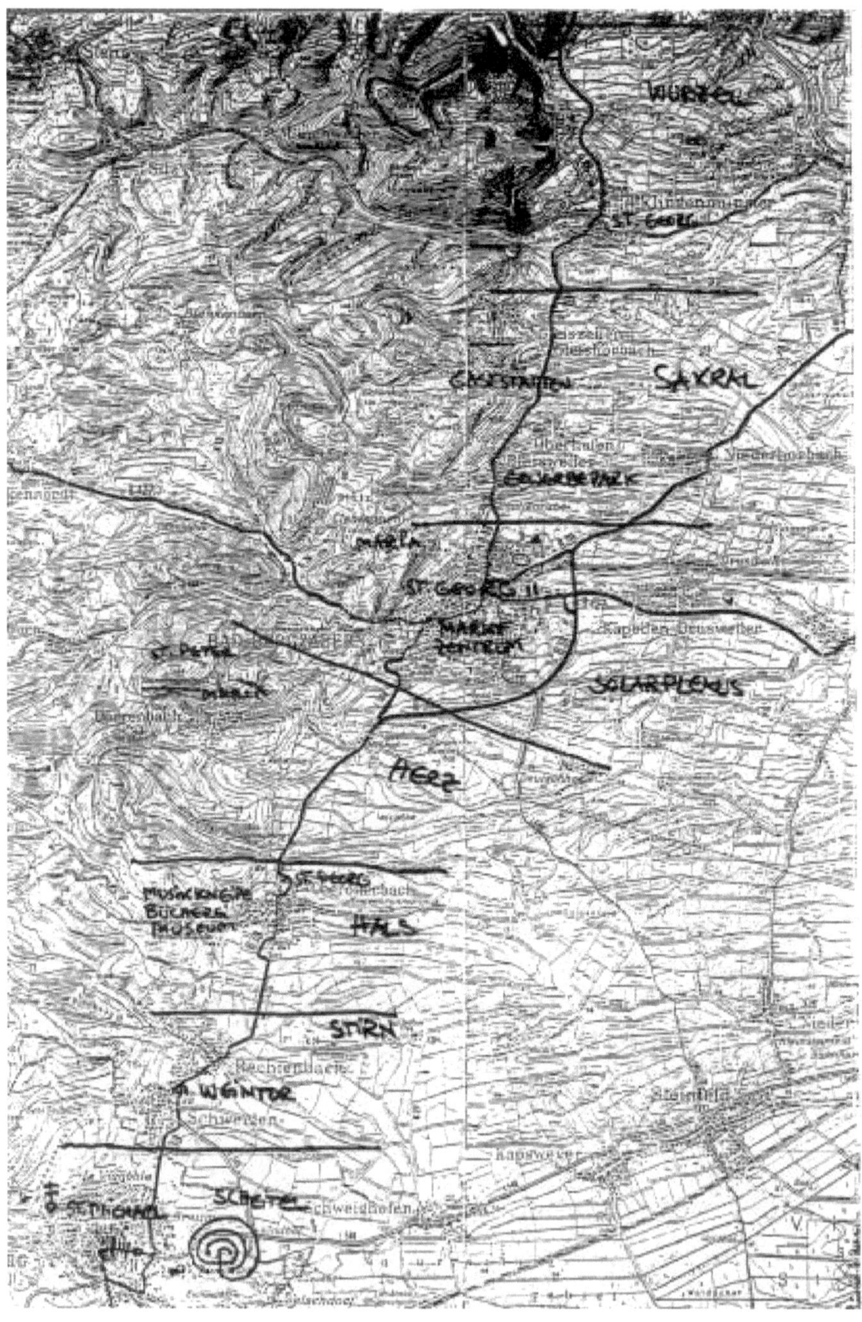

8.0 Eck-, Weißen-, Klöster, Kirchen

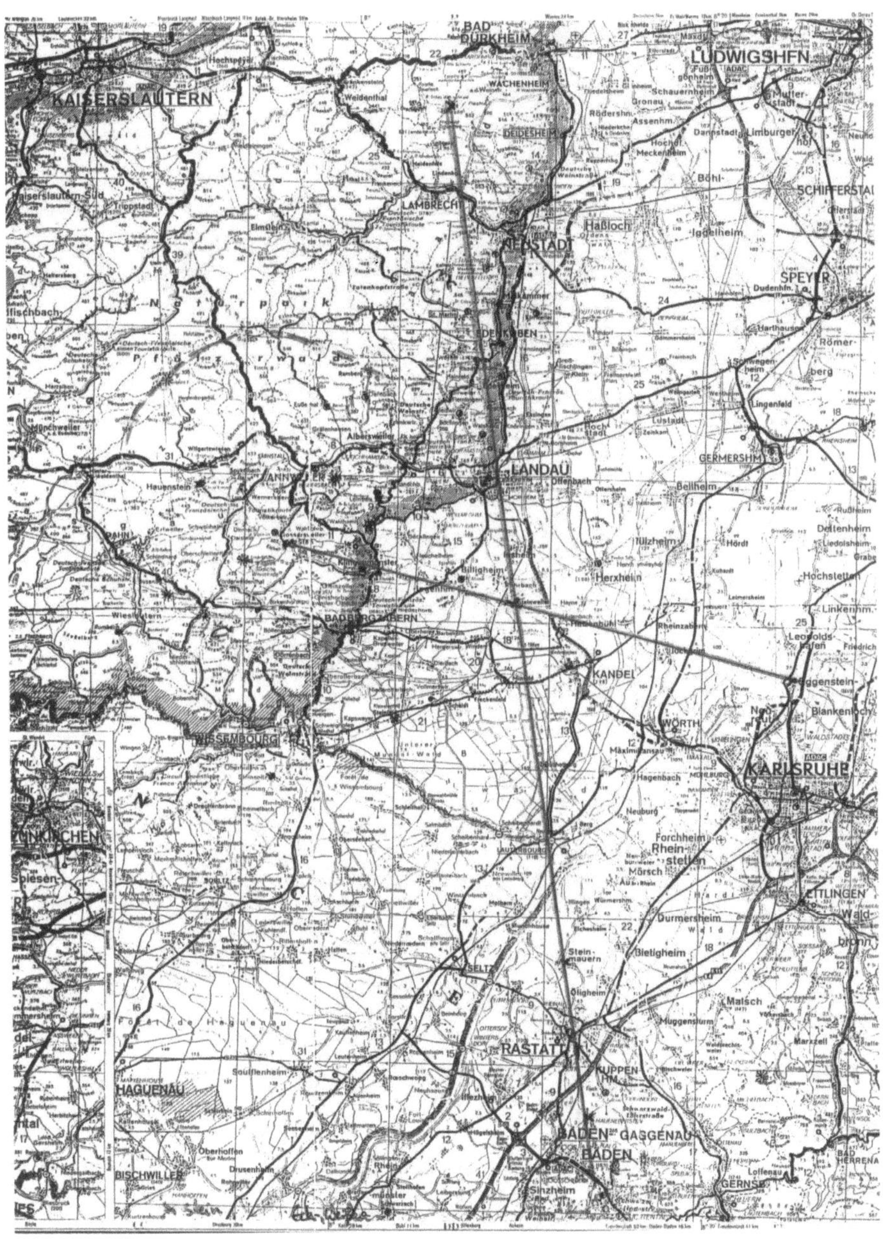

8.0 Stein-

9.1 Formen

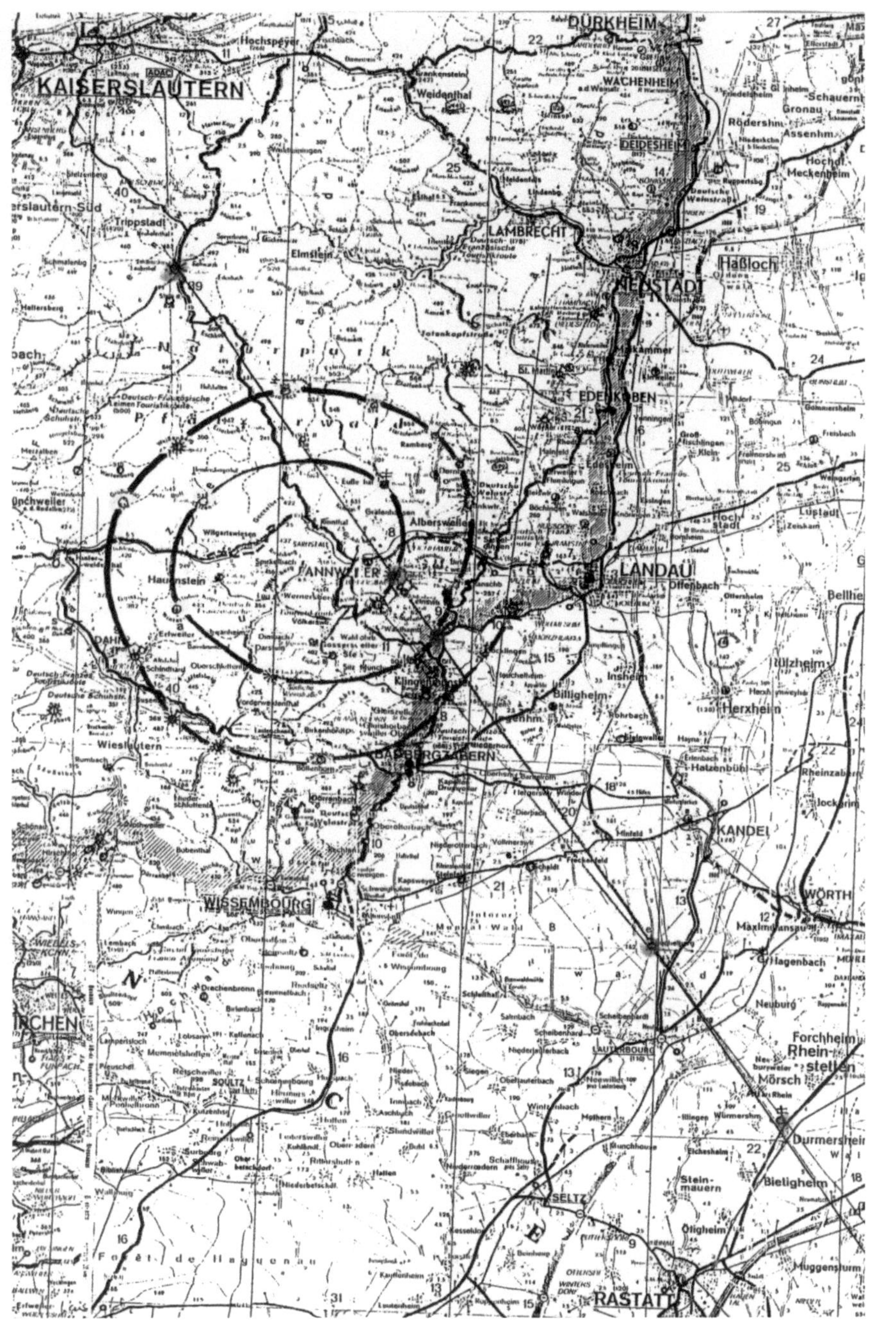

9.2 Orion

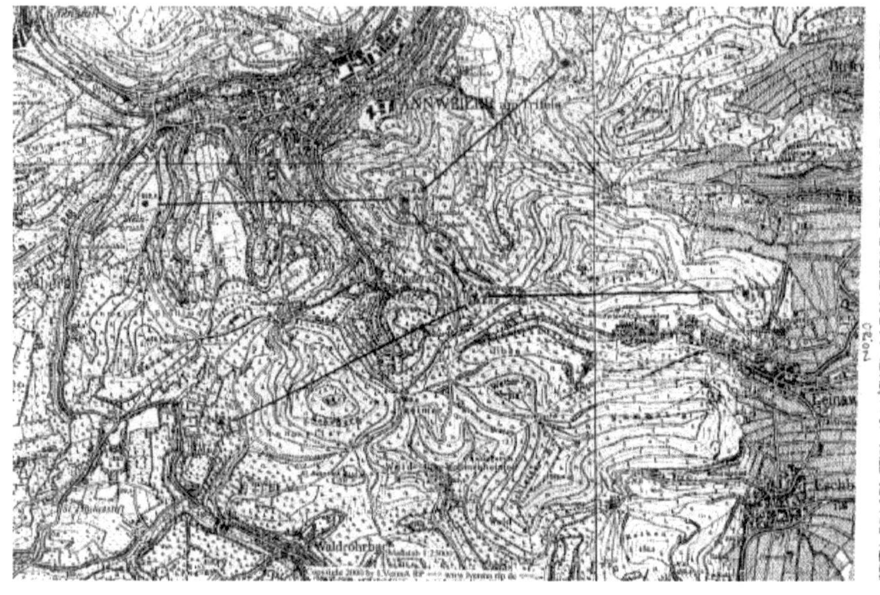